吉林省职业教育"十四五"规划教材
"1+X"证书课证融通教材
校企"双元"合作精品教材
高等院校"互联网+"系列精品教材

U0656105

工作手册式
教材

工业机器人编程与操作
（ABB）

主 编 唐 敏 张继媛

副主编 宋云艳 隋 欣

参 编 李 洁 田 媛 邱天宇 魏 星 张墅滨

电子工业出版社

Publishing House of Electronics Industry

北京·BEIJING

内 容 简 介

本书按照教育部新的职业教育教学改革精神，以 ABB 工业机器人为载体，主要介绍工业机器人的系统结构、基本操作、坐标系设置、参数设定、示教器编程等内容，共分为 7 个项目，每个项目都配有"1+X"证书课证融通的理论习题和实操项目。本书以校企合作的形式引入新技术、新工艺、新规范等产业元素，是具有直观性、互动性和成长性的新形态教材。

本书为高等职业院校工业机器人、电气自动化、机电一体化等相关专业的教材，也可作为工程技术人员的培训教材及工业机器人技术爱好者的自学参考书。

本书配有免费的电子教学课件、习题参考答案、程序代码、微课视频等教学资源，详见前言。

图书在版编目（CIP）数据

工业机器人编程与操作：ABB / 唐敏，张继媛主编. —北京：电子工业出版社，2021.5

校企"双元"合作精品教材

ISBN 978-7-121-40962-2

Ⅰ. ①工…　Ⅱ. ①唐…　②张…　Ⅲ. ①工业机器人－程序设计－高等职业教育－教材　Ⅳ. ①TP242.2

中国版本图书馆 CIP 数据核字（2021）第 065207 号

责任编辑：陈健德（E-mail:chenjd@phei.com.cn）

文字编辑：赵　娜

印　　刷：保定市中画美凯印刷有限公司

装　　订：保定市中画美凯印刷有限公司

出版发行：电子工业出版社

　　　　　北京市海淀区万寿路 173 信箱　邮编：100036

开　　本：787×1 092　1/16　印张：12.25　字数：313.6 千字

版　　次：2021 年 5 月第 1 版

印　　次：2025 年 8 月第10次印刷

定　　价：48.00 元

前 言

我国制造强国战略明确提出将工业机器人列为大力推动、突破发展的十大重点领域之一。工业机器人技术是将机械工程、电子技术、计算机技术、自动控制理论及人工智能等多种技术进行有机融合的一门技术。目前，工业机器人在各个工业领域的应用越来越广泛，各企业对工业机器人技术人才的需求不断增加。预计到 2025 年，我国工业机器人技术人才需求将达到 30 万人。当前，面对企业对工业机器人技术人才的迫切需求，迫切需要实用、有效的教学资源来培养具有工业机器人编程操作能力的高技能应用型人才。

本书以 ABB 工业机器人为载体，结合多功能工业机器人实训系统，通过认识工业机器人、工业机器人手动操纵、循迹模块编程与操作、绘图模块编程与操作、装配模块编程与操作、码垛模块编程与操作和搬运模块编程与操作 7 个项目，讲述工业机器人的编程与操作技能。每个项目内容都包括项目分析、学习目标、知识分布网络、相关知识、项目实施、总结、习题、项目报告和项目评价。项目内容的安排由浅入深、循序渐进，注重学生职业能力、职业素养、团队协作等综合素质的培养。

本书采用"纸质教材+数字资源"的方式，配有数字化课程资源，内容丰富、功能完善，充分利用现代信息技术，通过二维码将数字化资源与课程知识点链接在一起，充分调动学生的学习积极性。本书在版式上设计成活页式，教师可根据不同课程标准，从中选择相应的教学内容，以满足课堂教学需要。本书作为工业机器人应用编程"1+X"证书课证融通教材，建议在教学设计时以单元项目为载体，弱化理论，强化技能，通过实践操作促进学生理论知识的学习。本书在每个项目的最后还设有课程思政内容，以便培养学生的爱国情怀、科学精神、职业素养、社会责任等。本书适合整周实训教学，建议学时为 40 学时以上，各院校可根据实际的专业培养方案进行调整。

本书由长春职业技术学院唐敏、张继媛担任主编并编写项目 1、项目 2 和项目 7；宋云艳、隋欣担任副主编并编写项目 5 和项目 6；李洁、田媛编写项目 4；邱天宇、魏星编写项目 3；江苏汇博机器人技术股份有限公司张墅滨提供项目训练的参考源代码。本书在编写过程中参考了大量的书籍、期刊及手册等资料，在此向原作者表示诚挚的谢意。

由于编者水平有限，本书在内容选择和安排上难免存在遗漏和不当之处，敬请广大读者批评指正。

为了方便教师教学，本书还配有免费的电子教学课件、习题参考答案、程序代码、微课视频等教学资源，请有需要的教师扫描二维码后阅看或下载，也可登录华信教育资源网（http://www.hxedu.com.cn）免费注册后进行下载，在有问题时请在网站留言或与电子工业出版社联系（E-mail：hxedu@phei.com.cn）。

编 者

目　　录

项目 1

认识工业机器人

扫一扫看项目 1 教学课件

项目分析

工业机器人是面向工业领域的多关节机械手或多自由度的机器装置，它能自动执行工作，是靠自身动力和控制能力来实现各种功能的一种机器。了解工业机器人的发展、种类和应用领域，认识工业机器人的系统结构和技术参数，熟悉工业机器人操作的注意事项，是学习工业机器人编程操作的前提。本书主要以 ABB 工业机器人为例进行介绍，其他品牌工业机器人的原理与操作和本书内容类似，具体操作请参考其使用说明书。

学习目标

知识目标

- 了解工业机器人的发展历史。
- 了解工业机器人系统的基本结构和技术参数。
- 熟悉工业机器人的典型应用。
- 掌握工业机器人的操作安全注意事项。

能力目标

- 能够认知工业机器人的典型结构。
- 能够列出工业机器人的典型应用。
- 能够掌握工业机器人安全操作注意事项。

素质目标

- 培养学生安全操作规范意识。
- 激发学生学习本课程的兴趣。

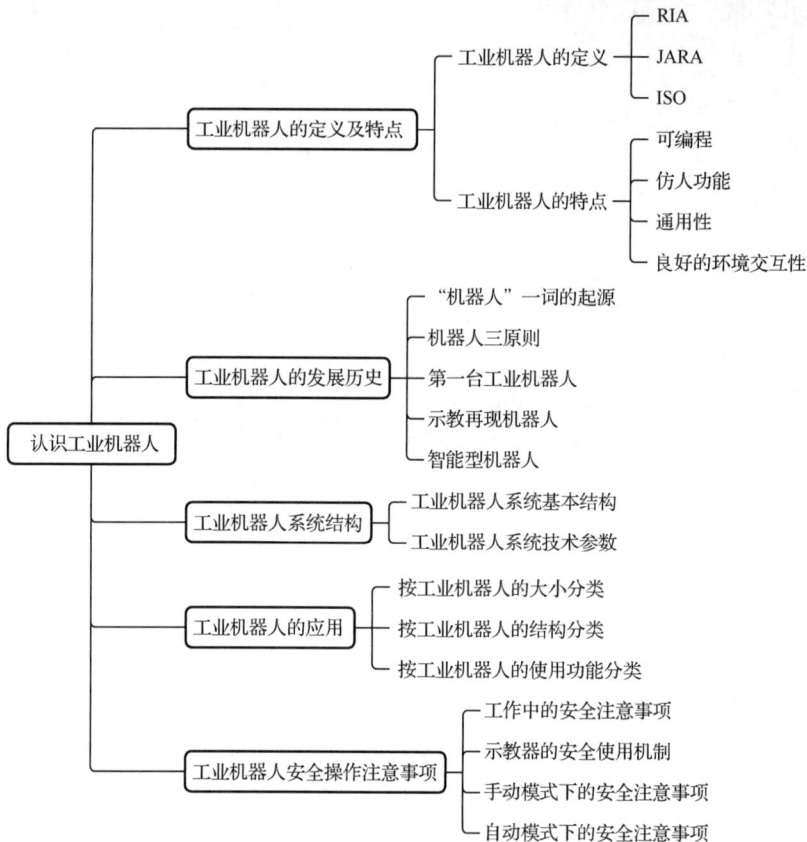

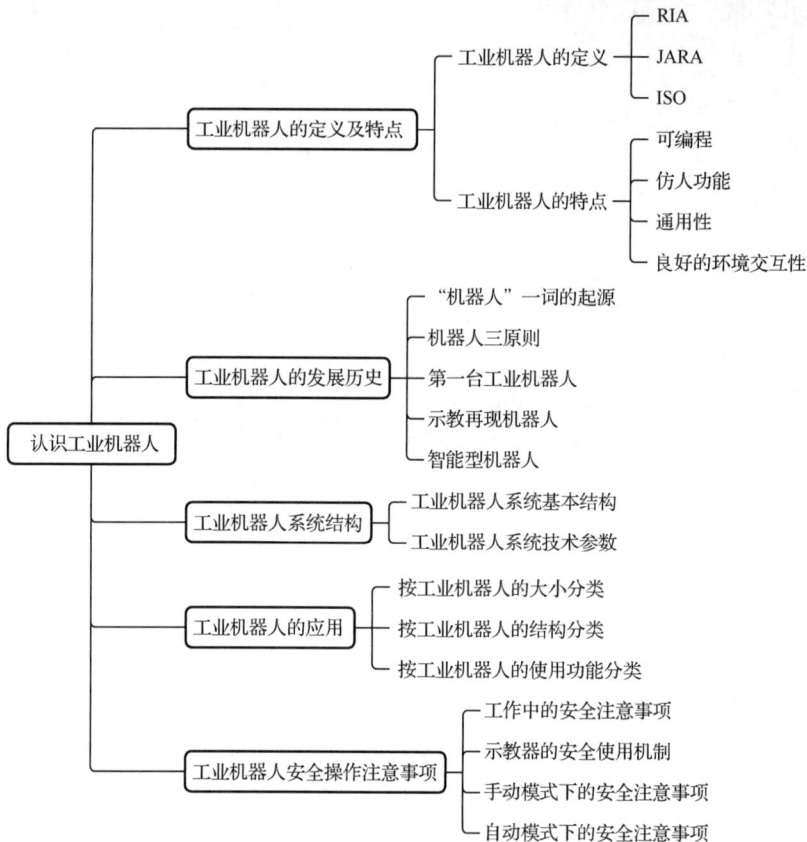知识分布网络

认识工业机器人
- 工业机器人的定义及特点
  - 工业机器人的定义
    - RIA
    - JARA
    - ISO
  - 工业机器人的特点
    - 可编程
    - 仿人功能
    - 通用性
    - 良好的环境交互性
- 工业机器人的发展历史
  - "机器人"一词的起源
  - 机器人三原则
  - 第一台工业机器人
  - 示教再现机器人
  - 智能型机器人
- 工业机器人系统结构
  - 工业机器人系统基本结构
  - 工业机器人系统技术参数
- 工业机器人的应用
  - 按工业机器人的大小分类
  - 按工业机器人的结构分类
  - 按工业机器人的使用功能分类
- 工业机器人安全操作注意事项
  - 工作中的安全注意事项
  - 示教器的安全使用机制
  - 手动模式下的安全注意事项
  - 自动模式下的安全注意事项

相关知识

1.1 工业机器人的定义及特点

工业机器人在世界各国的定义不完全相同，但是基本含义一致。美国机器人工业协会（RIA）对工业机器人的定义是："一种用于移动各种材料、零件、工具或专用装置的，通过程序动作来执行各种任务，并具有编程能力的多功能操作机。"日本工业机器人协会（JARA）定义机器人为"一种装备有记忆装置和末端执行装置的、能够完成各种移动来代替人类劳动的通用机器"，又分为工业机器人和智能机器人两种类型。其中，工业机器人是指"一种能够执行与人的上肢类似动作的多功能机器"；智能机器人是"一种具有感觉和识别能力，并能够控制自身行为的机器"。国际标准化组织（ISO）将工业机器人定义为"一种自动的、位置可控的、具有编程能力的多功能操作机，这种操作机具有几个轴，能够借助可编程操作来处理各种材料、零件、工具和专用装置，以执行各种任务"。

工业机器人有以下4个主要特点。

1. 可编程

生产自动化的进一步发展是柔性自动化。工业机器人可随其工作环境变化的需要而再编程，因此它在小批量、多品种、具有均衡高效率的柔性制造过程中能发挥很好的作用，

是柔性制造系统中的一个重要组成部分。

2. 仿人功能

工业机器人在功能上能模仿人的腰、臂、手腕、手等部位。此外，智能化工业机器人还有许多类似人类器官的"生物传感器"，可感知工作环境。传感器提高了工业机器人对周围环境的自适应能力。

3. 通用性

除专门设计的专用工业机器人外，一般工业机器人在执行不同的作业任务时具有较好的通用性。例如，只需更换工业机器人末端执行器（又称末端操作器、手部、手爪等）便可执行不同的作业任务。

4. 良好的环境交互性

智能工业机器人在无人为干预的条件下，对工作环境有自适应控制能力和自我规划能力。

1.2　工业机器人的发展历史

1920 年，捷克斯洛伐克作家卡雷尔·卡佩克发表了科幻剧本《罗萨姆的万能机器人》。卡佩克在剧本中首次提到的 Robota（捷克文意为"苦工，劳役"）引起了大家的广泛关注，被当成"机器人"一词的起源。

1950 年，美国作家艾萨克·阿西莫夫在他的科幻小说《我，机器人》中首次使用了"Robotics"一词，即"机器人学"。阿西莫夫还提出了"机器人三原则"：

（1）机器人不应伤害人类，且在人类受到伤害时不可袖手旁观；

（2）机器人应听从人类的命令，与第一条违背的命令除外；

（3）机器人应能保护自己，与第一条相抵触的除外。

机器人学术界一直将这三原则作为机器人开发的准则，阿西莫夫因此被称为"机器人学之父"。

1954 年，美国人乔治·德沃尔（George Devol）提出了第一个工业机器人方案，并在 1956 年获得美国专利。之后，乔治·德沃尔和物理学家约瑟·恩格尔柏格于 1956 年成立了一家名为 Unimation（通用机械）的公司。

1959 年，乔治·德沃尔和约瑟·恩格尔柏格发明了世界上第一台工业机器人，如图 1.1 所示，并将其命名为 Unimate，意思是"万能自动"。

1961 年，Unimation 公司生产和销售了第一台

图 1.1　Unimate 机器人

工业机器人"Unimate"（通用机械手）。这台工业机器人用于安装汽车的门、车窗把柄、换挡旋钮、灯具固定架及汽车内部的其他硬件等。

20 世纪 60～70 年代是机器技术获得巨大发展的阶段，日本、西欧各国、苏联也相继引进或自行研制工业机器人。图 1.2、图 1.3 分别为欧洲和日本生产的第一台工业机器人。

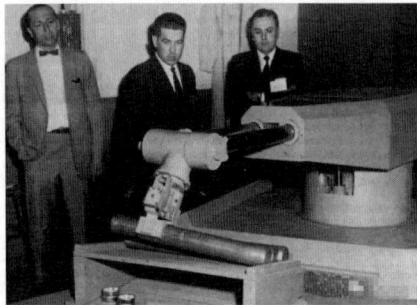

图 1.2　欧洲第一台工业机器人

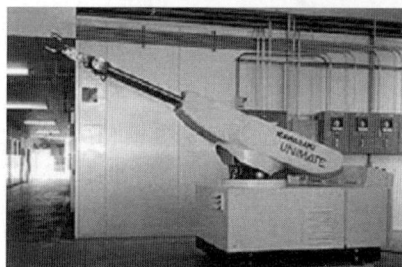

图 1.3　日本第一台工业机器人

20 世纪 80 年代，机器人在发达国家的工业生产中大量普及应用，如完成焊接、喷漆、搬运、装配等工作，并向各个领域拓展，如航天、水下作业、排险、核工业等。随着机器人的感知技术得到相应的发展，产生了第二代机器人——示教再现机器人。

20 世纪 90 年代，机器人技术在发达国家的应用更为广泛，扩展到军用、医疗、服务、娱乐等领域，并开始向智能型（第三代）机器人发展，如图 1.4 所示为索尼 3SR-3X 机器人在表演。

图 1.4　索尼 3SR-3X 机器人在表演

1.3　工业机器人系统结构

1.3.1　工业机器人系统基本结构

机器人是一个机电一体化的设备。从控制论观点来看，机器人系统可以分成四大部分：执行机构、驱动装置、感知反馈系统和控制系统。执行机构相当于人的肢体，包括手部、腕部、臂部、腰部和基座等。驱动装置相当于人的肌肉、骨骼，包括电驱动装置、液压驱动装置和气压驱动装置等。感知反馈系统相当于人的感觉器官和神经，包括内部信息传感器，用于检测位置、速度等信息；外部信息传感器，用于检测机器人所处的环境信息。控制系统相当于人的大脑和小脑，包括处理器及关节控制器等，主要进行任务及信息处理，并给出控制信号。工业机器人系统基本结构如图 1.5 所示。

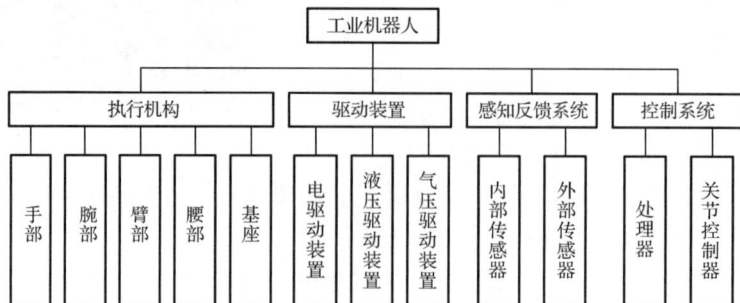

图 1.5　工业机器人系统基本结构

在以上各部分的基础上设计的工业机器人硬件，主要由机器人运动本体、控制器、示教器等构成。图 1.6 所示为 ABB IRB2600 工业机器人。

1.3.2 工业机器人系统技术参数

工业机器人的技术参数是工业机器人厂商在产品供货时所提供的技术数据。尽管各厂商提供的技术参数不完全一样，工业机器人的结构、用途等有所不同，且用户的要求也不同，但工业机器人的主要技术参数一般应包含以下几种。

图 1.6   ABB IRB2600 工业机器人

（1）自由度数，是衡量机器人适应性和灵活性的重要指标，一般等于机器人的关节数。机器人所需要的自由度数取决于其作业任务。

（2）负荷能力，是机器人在满足其他性能要求的前提下能够承载的负荷。

（3）工作空间，是机器人在其工作区域内可以到达的所有点的集合，它是机器人关节长度及其构型的函数。

（4）定位精度，指机器人到达指定位置的精确程度，它与机器人控制系统及反馈装置有关。

（5）重复定位精度，指机器人重复到达同样位置的精确程度，它不仅与机器人控制系统及反馈装置有关，还与传动机构的精度及机器人的动态性能有关。

（6）工作速度，是指机器人的关节速度、合成速度。

（7）其他动态特性，如稳定性、柔顺性等。

ABB IRB2600 工业机器人的技术参数见表 1.1。

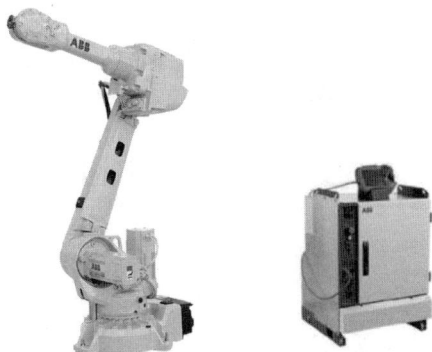

表 1.1   ABB IRB2600 工业机器人的技术参数

型　　号	IRB2600	最大动作速度	J1 轴臂旋转	175°/s
负荷能力	20 kg		J2 轴臂前后	175°/s
到达距离	165 mm		J3 轴臂上下	175°/s
控制轴	6 轴		J4 轴腕旋转	360°/s
重复定位精度	±0.04 mm		J5 轴腕弯曲	360°/s
集成信号源	手腕设 10 路信号		J6 轴腕扭转	500°/s
集成气路	手腕设 4 路空气 最高 5bar	总　　高		1382 mm
最大动作范围	J1 轴臂旋转 +180°/-180°	本体底座面积		180mm×180 mm
	J2 轴臂前后 +155°/-95°	环境温度		+5℃～+45℃
	J3 轴臂上下 +75°/-180°	安装条件		地面安装、悬吊安装
	J4 轴腕旋转 +400°/-400°	防护等级		IP67
	J5 轴腕弯曲 +120°/-120°	本体质量		272 kg
	J6 轴腕扭转 +400°/-400°	电源电压		200～600 V，50/60 Hz
		额定功率		3.4 kV·A
		功　　耗		0.25 kW

项目实施

1.4 工业机器人的应用

工业机器人最早应用于汽车制造工业，常用于焊接、喷漆、上下料和搬运。工业机器人延伸和扩展了人的手足和大脑的功能，它可代替人从事在危险、有害、有毒、低温和高热等恶劣环境中的工作；代替人完成繁重、单调的重复劳动，提高劳动生产率，保证产品质量。工业机器人与数控加工中心、自动搬运小车及自动检测系统可组成柔性制造系统（FMS）和计算机集成制造系统（CIMS），实现生产自动化，也是工业 4.0 智能化工厂中的重要一环。

全球工业机器人行业"四大家族"厂商分别是 ABB、FANUC（发那科）、KUKA（库卡）、Yaskawa（安川）。其中，ABB 工业机器人广泛应用于汽车工业、包装与堆垛自动化、电气电子工业（3C）、木材工业、太阳能与光伏工业、塑料工业、铸造锻造自动化、金属加工自动化等行业。

1. 按工业机器人的大小分类

ABB 工业机器人可分为大、中、小型机器人。大型机器人既可用作注塑机（IMM）和压铸机的上下料手，从事 3C 产品壳盖类零部件的生产，也可用于平板显示器（FPD）的搬运。中型机器人配套力控制技术，可实现高品质的研磨、抛光和去毛刺飞边，是零部件精加工的理想之选。新推出的小型机器人家族及 FlexPicker 已"进驻"全球各地工厂，是装配、小工件搬运、检验测试等环节不可或缺的生产"骨干"。

2. 按工业机器人的结构分类（见表 1.2）

表 1.2　不同结构的工业机器人的特点及应用领域

分　类	典型代表	特点及应用领域
直角机器人		精度高，速度快，控制简单，易于模块化，但动作灵活性较差，主要用于搬运、上下料、码垛等领域
圆柱坐标机器人		精度高，有较大动作范围，坐标计算简单，结构轻便，响应速度快，但是负荷较小，主要用于电子制造、分拣等领域

续表

分 类	典型代表	特点及应用领域
并联机器人		精度较高，手臂轻盈，速度高，结构紧凑，但工作空间较小，控制复杂，负荷较小，主要用于分拣、装箱等领域
多关节机器人		自由度高，精度高，速度快，动作范围大，灵活性强，广泛应用于各个行业，是当前工业机器人主流结构，但价格高，前期投资成本高

3. 按工业机器人的使用功能分类

以 ABB 工业机器人为例，工业机器人按使用功能分类见表 1.3。

表 1.3 不同类型工业机器人的使用功能

分 类	外 观	型 号	特 点	应用领域
焊接机器人		IRB1600D	IRB1600D 为弧焊应用的理想选择。其线缆包供应弧焊所需的全部介质，电缆寿命预测精确度高，机器人编程简化	弧焊
		IRB1600	IRB1600 为 ABB 洁净室型机器人，通用性佳，可靠性强，正常运行时间长，速度快，精度高，坚固耐用	弧焊、装配、压铸、注塑、机械管理、包装
		IRB1410	IRB1410 专为弧焊而设计，稳定，可靠性好，坚固耐用，适用范围广，高速，工作周期较短	弧焊、装配、上胶/密封、机械管理、物料搬运
		IRB6620	IRB6620 专为汽车工业用户量身定制，是最通用的一款大型机器人，结构紧凑，可靠性好，速度快，坚固耐用	点焊、搬运、机械上下料

扫一扫看焊接机器人演示视频

分　类	外　观	型　号	特　点	应用领域
搬运机器人		IRB2600	精度很高，操作速度快，废品率低，工作范围广，安装灵活，占地面积小	上下料、物料搬运、弧焊
		IRB4600	机身纤巧，精度高，生产周期很短，产能效率高，工作范围广，可半支架、倒置安装	物料搬运、弧焊、切割、注塑机上下料、压铸
		IRB6640	IRB6640 是继 IRB6600 之后推出的新一代大型机器人，承重更大，质量更轻，安装维护简化，路径精度优化，具有被动安全功能	物料搬运、上下料、点焊
		IRB6650S	IRB6650S 是大功率机器人系列中的一种支架安装型机器人，通用性好，可靠性强，安全性高，速度快，精度高，功率大，坚固耐用	
		IRB7600	适合于各行业重载场合，通用性好，可靠性强，安全性高，速度快，精度高，功率大，坚固耐用	机械管理、物料搬运、压机管理、点焊
包装机器人		IRB260	机身小巧，既能集成于紧凑型包装机械中，又能满足在到达距离和有效载荷方面的相关要求；通用性佳，速度快，精度高，功能强，适用范围广，坚固耐用，易集成	包装

扫一扫看搬运机器人演示视频

扫一扫看包装机器人演示视频

续表

分　类	机器人图片	机器人型号	特　点	应用领域
码垛机器人 扫一扫看码垛机器人演示视频		IRB460	IRB460 是目前全球最快的码垛机器人,是高速码袋、码箱作业的完美之选	物料搬运、堆垛、机械加工
		IRB760	行动迅速,手腕惯量为业内最大,码垛速度快,动作轻柔	物料搬运、高速整层堆垛
		IRB660	非常适合应用于袋、盒、板条箱、瓶等包装形式的物料的堆垛,速度快,精度高,功率大,适用范围广,坚固耐用	物料搬运、货盘堆垛
喷涂机器人 扫一扫看喷涂机器人演示视频		IRB52	IRB52 是一款紧凑型喷涂机器人,通用性强,广泛应用于各行业中的中小型部件的喷涂	油漆喷涂、上釉、上搪瓷、粉末喷涂、挤胶
		IRB5400	能携带重物,可缩短时间节拍,提高生产效率,减少涂料浪费,成为笔记本电脑、手机等产品壳盖喷涂的行业标准机型	
		IRB5500	具有创新的外表喷涂方案和壁挂式结构,工作范围大,运动灵活,效率高	
		IRB580	IRB580 是紧凑、高速、精确的喷涂机器人,能大幅度提高作业精度和生产效率	

续表

分　类	机器人图片	机器人型号	特　点	应用领域
装配机器人		IRB120	IRB120 是 ABB 第四代机器人家族的最新成员，也是体积最小的，结构紧凑，质量轻（25 kg），用途广泛，易于集成	物料搬运、装配应用，广泛适用于电子制造、食品加工、饮料生产、制药、医疗、研究等领域
		IRB140	IRB140 是一款六轴多用途工业机器人，可靠性强，正常运行时间长，速度快，操作周期短，功率大，适用范围广，精度高，坚固耐用，通用性佳	弧焊、装配、清理/喷雾、上下料、包装、去毛刺
扫一扫看装配机器人演示视频		IRB360 FlexPicker™	IRB360 FlexPicker™ 是实现高精度拾放料作业的第二代机器人，操作速度快，有效载荷大，占地面积小	装配、搬运、拾料、包装

1.5　工业机器人安全操作注意事项

1．工作中的安全注意事项

使用工业机器人系统时，一般需要遵守以下规则。

（1）如果在保护空间内有工作人员，则要手动操纵机器人系统。如果机器人在自动运行执行程序过程中出现异常，操作人员应立即按下示教器上的急停按钮，此时机器人会停止运动；如果要恢复机器人的运动，则只需要旋开急停按钮，给伺服上电，再按下开始键，不需要控制柜断电重启。

（2）当进入保护空间时，始终带好示教器，以便随时控制机器人。

（3）注意旋转或运动的工具，如切削工具和锯。确保在接近机器人之前，这些工具已经停止运动；注意工件和机器人系统的高温表面，机器人电动机在长时间运转后温度很高。

（4）确保夹具夹好工件。如果夹具打开，工件会脱落易导致人员受到伤害或设备损坏。夹具非常有力，如果不按照正确方法操作，也易导致人员受到伤害。机器人停机时，夹具上不可置物，必须空机。

（5）注意液压、气压系统及带电部件。即使断电，这些系统的电路上的残余电量也很危险。

（6）发生火灾时，在确保全体人员安全撤离后再进行灭火，应先处理受伤人员。当电气设备（如机器人或控制器）起火时，使用二氧化碳灭火器，切勿使用水或泡沫灭火器进行灭火。

💡 **提示**：根据国家颁布的工业机器人安全法规和相应的操作流程，只有经过专门培训的人员才能操纵使用工业机器人。

2. 示教器的安全使用机制

示教器是工业机器人系统的重要部件之一，它是一种高品质手持终端，是具备高灵敏度的先进电子设备。为避免操作不当引起故障或损坏，在操作时要遵守以下规则。

（1）小心操作。不要摔打、抛掷或重击，这样会导致设备破损或故障。在不使用该设备时，必须将它挂到专门存放它的支架上，以防意外掉到地上。

（2）示教器使用和存放时应避免被人踩踏电缆。

（3）切勿使用锋利的物体（如螺钉、刀具或笔尖）操作触摸屏，这样可能会使触摸屏受损。应用手指或触摸笔去操作触摸屏。

（4）定期清洁触摸屏。灰尘和小颗粒可能会挡住屏幕造成故障。

（5）切勿使用溶剂、洗涤剂或海绵擦洗清洁示教器，可使用软布蘸少量水或中性清洁剂清洁。

（6）没有连接 USB 设备时，务必盖上 USB 端口的保护盖。如果端口暴露到灰尘中，设备可能会中断或发生故障。

3. 手动模式下的安全注意事项

在手动减速模式下，机器人只能减速操作。只要在安全保护空间之内工作，就应始终以手动速度进行操作。在手动减速模式下，用示教器手动操纵机器人时，ABB 工业机器人的最高速度限制为 250 mm/s。

在手动全速模式下，机器人以程序预设速度移动。手动全速模式应仅用于所有人员都处于安全保护空间之外时，而且操作人员必须经过特殊训练，熟知潜在的危险。

4. 自动模式下的安全注意事项

自动模式用于在生产中运行机器人程序。在自动模式操作的情况下，机器人以程序预设速度移动，同时，常规模式停止（GS）机制、自动模式停止（AS）机制、上级停止（SS）机制和紧急停止（ES）机制都处于活动状态。

总　结

本项目主要介绍了工业机器人的发展历史、机器人系统基本结构和技术参数、工业机器人的应用及安全操作注意事项等知识。重点训练学生具备认识各类工业机器人、了解机器人行业的应用等技能。完成本项目的学习是进行后续项目学习的前提。

思政园地

科技兴国——我国第一部完全国产化机器人

1987 年 12 月 18 日，我国制成第一部完全国产化机器人。操作人员通过键盘发出指令后，橘红色的机器人便自如地旋转、伸缩手臂，迅速准确地在一块钢板上进行弧焊表演。

这一潇洒自如地表演的冶钢 1 号机器人，1987 年 12 月 18 日在北京通过了部级鉴定。参加鉴定的自动控制专家认为，冶钢 1 号机器人是我国第一部完全国产化的机器人。在这之前制成的许多个机器人，其控制系统的软件和部分硬件都是从国外引进的。北京钢铁学

院科研人员经过 4 年努力，使这一机器人的硬件、软件、防振控制技术等全部实现国产化，各项功能技术指标均达到八十年代世界同类产品水平，填补了我国在工业机器人控制系统方面的技术空白。

习题 1

扫一扫看
习题 1 参
考答案

一、单选题

1. 焊接机器人的焊接作业主要包括（ ）。

A．点焊和弧焊   B．间断焊和连续焊

C．平焊和竖焊   D．气体保护焊和氩弧焊

2. 关于机器人操作安全，下面哪种说法是错误的（ ）。

A．不要佩戴手套操作示教盒

B．操作人员只要保持在机器人工作范围外，可不佩戴防护用具

C．手动操作机器人时要采用较低的速度

D．操作人员必须经过培训上岗

3. 在作业过程中，下面属于非接触式作业机器人的是（ ）。

A．分拣机器人   B．弧焊机器人   C．码垛机器人   D．抛光机器人

4. 发现机器人工作异常时，应立即按下（ ）按钮。

A．紧急停止   B．伺服使能   C．伺服停止   D．电源启动

5. 在机器人自动运行过程中，按下示教器上的急停按钮，机器人停止运动，若要恢复机器人的运动，不需要进行（ ）操作。

A．旋开急停按钮   B．伺服上电   C．按下开始键   D．断电重启

6. 机器人控制柜发生火灾，应采用（ ）方式进行灭火。

A．浇水   B．二氧化碳灭火器   C．泡沫灭火器   D．毛毯扑打

7. 以下不属于工业机器人的控制系统硬件主要组成部分的是（ ）。

A．传感装置   B．控制装置

C．减速装置   D．关节伺服驱动部分

8. 机器人的各部分组成中，作用相当于人的大脑的部分是（ ）。

A．驱动装置   B．控制系统   C．感知反馈系统   D．执行机构

9. 机器人手臂或手部安装点所能达到的所有空间区域称为（ ）。

A．自由度   B．灵活空间   C．最大空间   D．最小空间

10. 连接工业机器机身和手腕的部分是（ ）。

A．头部   B．臂部   C．手部   D．基座

11. 连接工业机器人手臂和手部的部分是（ ）。

A．手腕   B．臂部   C．手指   D．基座

12. 工作范围是指机器人（ ）或手腕中心所能到达的点的集合。

A．机械手   B．手臂末端   C．手臂   D．行走部分

13. 进入机器人工作站围栏内示教，应将机器人的运行模式设置为（ ）。

A．自动模式   B．维修模式   C．手动模式   D．联网模式

14．工业机器人运动自由度数，一般（   ）。

A．小于2个   B．小于3个   C．不多于6个   D．大于6个

15．为了确保安全，用示教器手动操纵机器人时，ABB机器人的最高速度限制为（   ）。

A．50 mm/s   B．250 mm/s   C．800 mm/s   D．1 600 mm/s

二、判断题

1．在保护空间内有工作人员时，请自动操作机器人系统。（   ）

2．工业机器人传感部分用于感知内部和外部的信息。 （   ）

3．工业机器人在工作时，工作范围内可以站人。（   ）

4．机器人调试人员进入机器人工作范围内时需佩戴安全帽。（   ）

5．安全防护空间是由机器人外围的安全防护装置所组成的空间。（   ）

6．码垛是工业机器人的典型应用，通常分为堆垛和拆垛两种。（   ）

7．工业机器人的执行机构主要由手部、腕部、臂部、腰部和基座组成。（   ）

8．机器人常用驱动方式主要有液压驱动、气压驱动和电气驱动三种基本类型。（   ）

9．工业机器人是面向工业领域的多关节机械手或多自由度的机器装置，它能自动执行工作，是靠自身动力和控制能力来实现各种功能的一种机器。（   ）

10．传感器是与人感觉器官相对应的元件。（   ）

11．负荷能力是指机器人在工作范围内的任何位姿上所能承受的最大质量。（   ）

12．工业机器人在自动运行模式下，示教器上的停止键无效。（   ）

13．维护工作包括定期检查和/或更换（机械、电器或软件方面）机器人控制系统零部件及故障检修。（   ）

14．编程时机器人系统中所有急停装置都应保持有效。（   ）

15．定期对机器人进行保养可以延长机器人的使用寿命。（   ）

项目报告 1

班级		姓名		学号		
指导教师			时　间		年　　月　　日	
课程名称						
项目 1			认识工业机器人			
学习目标	对工业机器人发展历史进行概述，着重了解工业机器人的典型结构、重要技术参数及 ABB 工业机器人的应用和安全操作注意事项。					
注意事项	1．安全防护，上课着装相互检查。 2．实训室 6S 管理：整理、整顿、清扫、清洁、素养、安全。 3．机器人安全使用环境及安全使用注意事项。					
学习任务	任务 1：了解工业机器人发展历史 　1．工业机器人发展历程。 　2．主要工业机器人生产商。 任务 2：熟悉工业机器人系统结构 　1．工业机器人系统基本结构。 　2．ABB IRB2600 工业机器人技术参数。					

学习任务	**任务 3：ABB 工业机器人的典型应用领域** 　　1. 按工业机器人的大小分类。 　　2. 按工业机器人的结构分类。 　　3. 按工业机器人的使用功能分类。 **任务 4：工业机器人安全操作注意事项** 　　在操作机器人时，如何进行安全操作？
学习心得	

项目评价 1

项目 1　认识工业机器人			
基本素养（30 分）			
序号	内容	自评	互评	师评
1	纪律（10 分）			
2	安全操作（10 分）			
3	交流沟通（5 分）			
4	团队协作（5 分）			
理论知识（30 分）			
序号	内容	自评	互评	师评
1	工业机器人的特点（10 分）			
2	工业机器人系统基本结构（10 分）			
3	工业机器人系统技术参数（10 分）			
操作技能（40 分）			
序号	内容	自评	互评	师评
1	工业机器人操作安全注意事项（10 分）			
2	示教器的使用安全（10 分）			
3	手动模式下的安全注意事项（10 分）			
4	自动模式下的安全注意事项（10 分）			

项目 2

工业机器人手动操纵

扫一扫看
项目 2 教
学课件

项目分析

在对工业机器人现场编程时，离不开工业机器人的手动操纵与调试。本项目要求在工业机器人安全使用环境下，按规程操纵工业机器人，能够认识示教器，掌握示教器界面功能，熟练使用示教器进行工业机器人的手动操纵。

学习目标

知识目标

- 了解 ABB 工业机器人示教器界面功能。
- 掌握 ABB 工业机器人手动操纵方法。
- 学会使用控制面板设置系统参数。
- 理解调用校准功能的用途。
- 理解工业机器人系统数据备份与恢复的用途。

能力目标

- 能够熟练使用示教器进行机器人手动操纵。
- 能够完成机器人单轴运动、线性运动和重定位运动。
- 能够完成工业机器人系统数据备份与恢复操作。

素质目标

- 培养学生具有企业员工意识。
- 培养学生具有良好的竞赛素质。

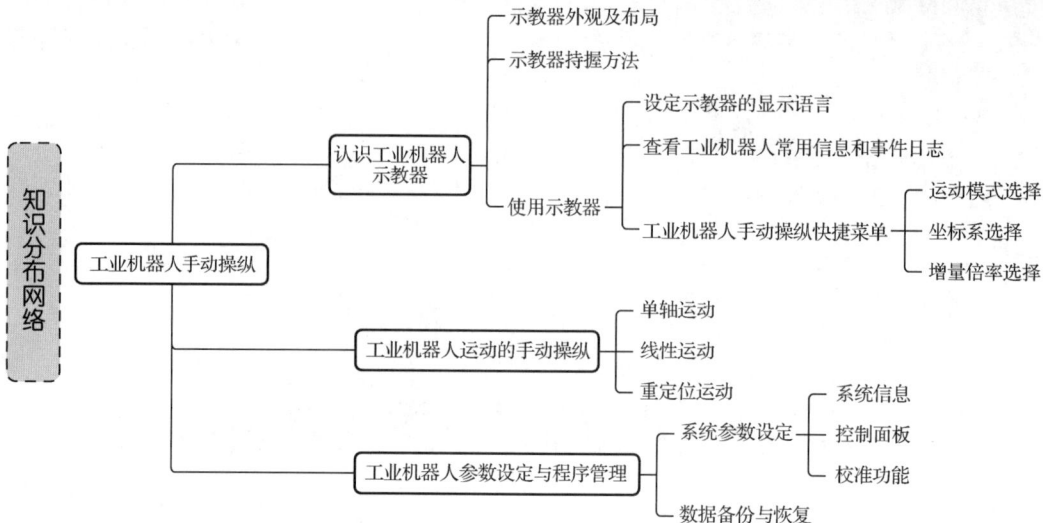

相关知识

2.1 认识工业机器人示教器

扫一扫看 ABB 工业机器人示教器教学课件

2.1.1 示教器外观及布局

示教器也称示教编程器或示教盒，主要由液晶屏幕和操作按键组成。它是机器人的人机交互接口，机器人的所有操作基本上都是通过示教器来完成的。通过示教器可以进行机器人的手动操作、程序编写、参数配置及机器人状态监控等。ABB 工业机器人示教器结构如图 2.1 和图 2.2 所示。

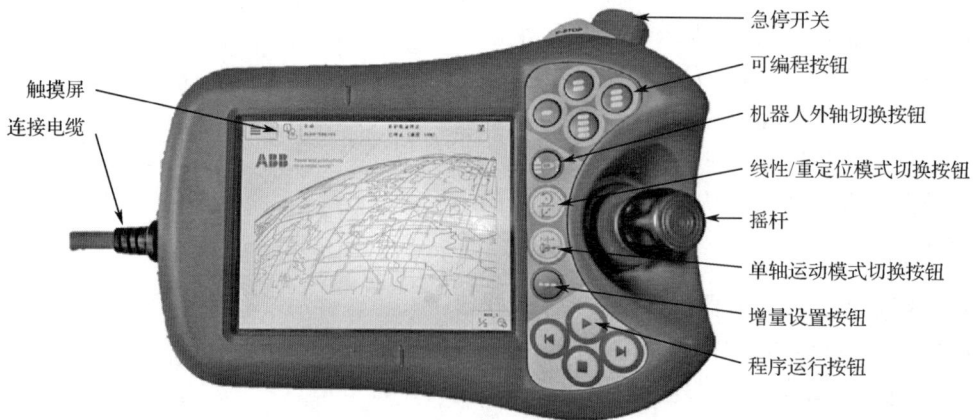

图 2.1　ABB 工业机器人示教器正面结构

扫一扫看示教器外观及布局微课视频

绑带

使能器按钮

触摸屏用笔及笔槽

连接电缆

示教器复位按钮

USB接口

图 2.2   ABB 工业机器人示教器反面结构

扫一扫看手持示教器微课视频

2.1.2 示教器持握方法

工业机器人生产厂家在设计示教器时，按照多数人的习惯，即左手托住示教器、右手在触摸屏上进行相应操作。当然也可以右手托住示教器，左手进行操作，但是必须在示教器中进行相应的设置才可以。本节按照绝大多数操作人员的习惯介绍示教器的持握方法。示教器的正确持握方法如图 2.3 所示，用左手手持，四指穿过绑带，指头触摸使能器按钮，掌心与大拇指握紧示教器。

使能器按钮位于示教器手动操作摇杆的右下方，操作者应用左手的四个手指进行操作，如图 2.4 所示。在手动状态下，使能器未按下，工业机器人处于防护装置停止状态。使能器按钮分为两挡，按下使能器按钮并保持在第一挡位置；工业机器人处于电动机开启状态，继续按下至第二挡，则工业机器人处于防护装置停止状态。

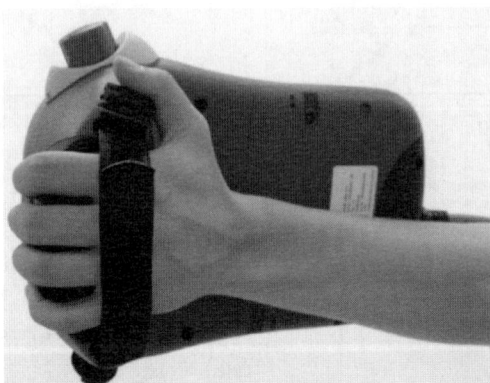

图 2.3   示教器的正确持握方法

图 2.4   操作使能器

使能器按钮是工业机器人为保证操作人员人身安全而设置的，只有在按下使能器按钮并保证在"电动机开启"的状态，才能对机器人进行手动操纵与程序调试。当发生危险时，人会本能地将使能器按钮松开或按紧，机器人则会马上停止，以保证安全。

示教器的摇杆如图 2.5 所示，可以进行上、下、左、右及斜角、旋转操作，根据所选坐标系及控制方式的不同，实现的动作不一样。在操作摇杆时，一定要注意观察工业机器人的动作。

另外，摇杆类似于汽车的油门，其操纵幅度与工业机器人的运动速度相关。幅度越小机器人运动速度越慢，幅度越大则工业机器人运动速度越快。因此，应尽量以小幅度操纵工业机器人慢慢运动。

2.1.3 设定示教器的显示语言

扫一扫看示教器语言设置微课视频

示教器出厂时，默认的显示语言是英文，为了更方便操作，下面介绍把显示语言设定为中文的操作步骤，见表2.1。

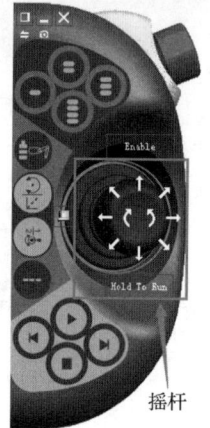

图 2.5 示教器摇杆

表 2.1 将显示语言设定为中文的操作步骤

Auto LAPTOP-0B7FNJMD　Motors On　Stopped (Speed 100%) HotEdit　　Backup and Restore Inputs and Outputs　　Calibration Jogging　　Control Panel Production Window　　Event Log Program Editor　　FlexPendant Explorer Program Data　　System Info Log Off Default User　　Restart Production Window	第 1 步：在主菜单页面中，单击 ABB 主菜单下拉菜单，选择 Control Panel
Auto LAPTOP-0B7FNJMD　Motors On　Stopped (Speed 100%) Control Panel Name　　Comment　　1 to 10 of 10 Appearance　　Customizes the display Supervision　　Motion Supervision and Execution Settings FlexPendant　　Configures the FlexPendant system I/O　　Configures Most Common I/O signals Language　　Sets current language ProgKeys　　Configures programmable keys Controller Settings　　Sets Network, DateTime and ID Diagnostics　　System Diagnostics Configuration　　Configures system parameters Touch Screen　　Calibrates the touch screen Production Window　Control Panel	第 2 步：选择 Control Panel，然后选择 Language

续表

Manual LAPTOP-0B7FNJMD　Guard Stop Stopped (Speed 100%) Control Panel - Language Current language:　English Installed Languages　1 to 6 of 20 Chinese Czech Danish Dutch English Finnish OK　Cancel Production Window　Control Panel　ROB_1 1/3	第 3 步：选 择 Language 中 的 Chinese，单击 OK
Manual System6 (ESCL7C6PXKXYMON)　Guard Stop Stopped (Speed 100%) Control Panel - Language Restart FlexPendant In order to change the language the FlexPendant must be restarted. The Virtual FlexPendant will now be closed. You need to restart it the usual way, by pressing the "Virtual FlexPendant" button. Do you want to proceed? Yes　No OK　Cancel Production Window　Control Panel　ROB_1 1/3	第 4 步：单击 Yes，系统重新启动
手动 System6 (ESCL7C6PXKXYMON)　防护装置停止 已停止 (速度 100%) 控制面板 名称　备注　1 到 10 共 10 外观　自定义显示器 监控　动作监控和执行设置 FlexPendant　配置 FlexPendant 系统 I/O　配置常用 I/O 信号 语言　设置当前语言 ProgKeys　配置可编程按键 日期和时间　设置机器人控制器的日期和时间 诊断　系统诊断 配置　配置系统参数 触摸屏　校准触摸屏 控制面板　ROB_1 1/3	第 5 步：重启后，系统自动切换到中文模式

扫一扫看机器人常用信息和事件日志的查询微课视频

2.1.4　查看工业机器人常用信息和事件日志

在操纵机器人过程中，状态栏将显示机器人相关信息，如工业机器人的状态（手动、全速手动和自动）、工业机器人的系统信息、机器人电动机状态、程序运行状态及当前工业机器人或外轴的使用状态，如图 2.6 所示。

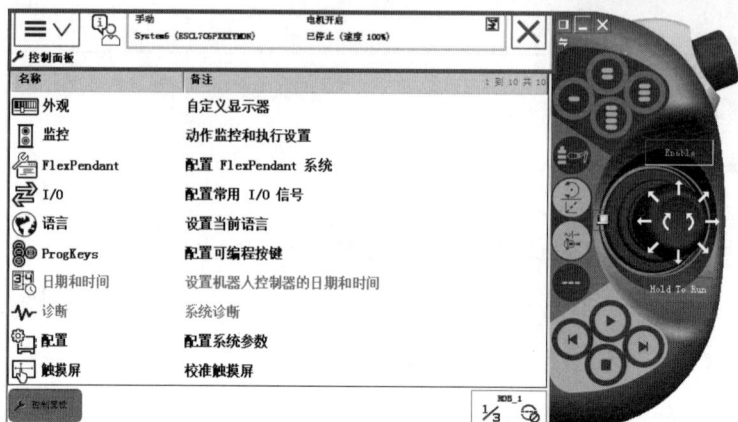

图 2.6　状态栏显示工业机器人相关信息

工业机器人常用信息和事件日志的查询方式有两种：一是单击主菜单下的事件日志，可以查看机器人时间日志，如图 2.7 所示；二是单击窗口上面的状态栏，可以查看工业机器人的事件日志，如图 2.8 所示。

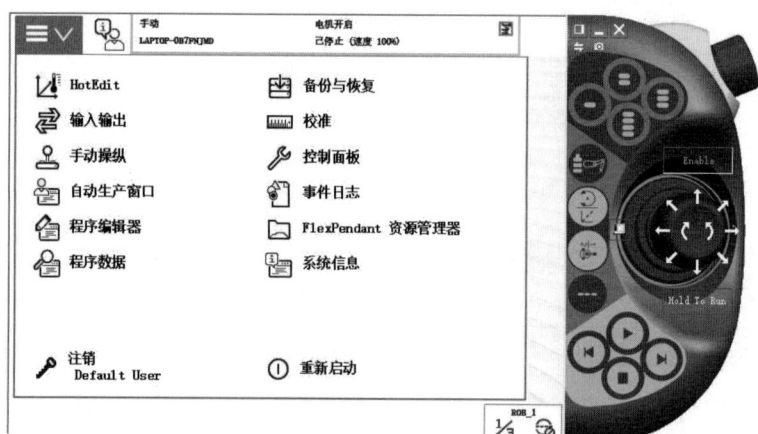

图 2.7　查询工业机器人时间日志

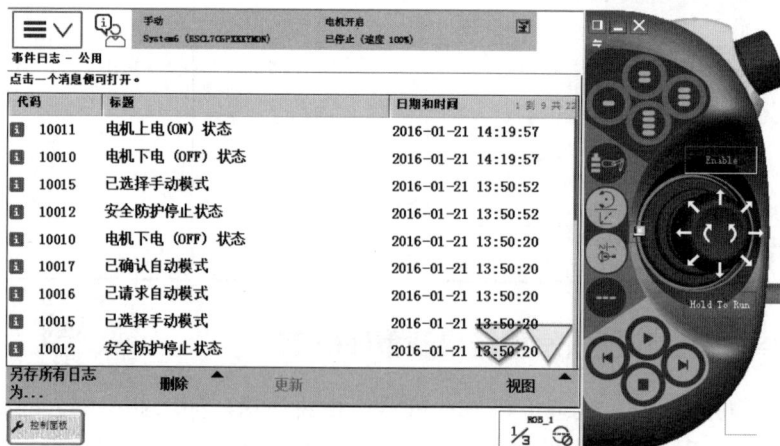

图 2.8　查询工业机器人事件日志

扫一扫看手动操纵
工业机器人的快捷
菜单微课视频

2.1.5　工业机器人手动操纵快捷菜单

ABB 工业机器人示教器除了具有手动操纵的快捷按钮，还有手动操纵的快捷菜单，在快捷菜单中可以进行手动操纵运动模式的选择、坐标系的选择、增量倍率的选择等，ABB工业机器人快捷菜单操作步骤见表 2.2。

表 2.2　ABB 工业机器人手动操纵快捷菜单操作步骤

	第 1 步：单击示教器右下角快捷菜单按钮
	第 2 步：在弹出的菜单中选择机器人图标
	第 3 步：在弹出的菜单中可进行手动操纵模式的快捷切换和坐标系的选择及当前运行模式下所使用的工具坐标系和工件坐标系的切换等

	第 4 步：单击上一步中的直角坐标系图标，可以进行手动操纵模式切换
	第 5 步：单击第 3 步中的另一个图标，可以进行坐标系切换
	第 6 步：单击第 3 步中的"tool0"图标，可以进行工具坐标系的切换
	第 7 步：单击第 3 步中的"wobj0"图标，可以进行工件坐标系的切换

续表

第 8 步：单击第 3 步中的"显示详情"按钮，可以进行操纵杆倍率的调整及增量模式的打开/关闭

对于一些不熟练的机器人操作人员，在手动操纵运行机器人时，除可以降低操纵杆的速度外，还可以使用增量模式。使用增量模式时，通过操纵杆控制机器人的运动与拨动操纵杆幅度的大小无关，而与操作人员设定的增量的大小有关。增量模式操作步骤见表 2.3。

扫一扫看
调节增量
微课视频

表 2.3　增量模式操作步骤

第 1 步：单击"增量"图标，可以设置大、中、小或不使用增量

第 2 步：在一种增量模式下，拨动一下操纵杆触发机器人，运动的距离大小可以通过单击下方的"显示值"按钮查看，图中所示为大增量模式下的运行速度

	第 3 步：如果用户对于系统默认的增量设置不够满意，则可以通过使用"用户模块"自行设置轴向运动时的角速度值和线性运动时的线速度值

2.2 工业机器人运动的手动操纵

扫一扫看工业机器人运动的手动操纵教学课件

手动操纵 ABB 工业机器人运动一共有三种：单轴运动、线性运动和重定位运动。下面介绍如何手动操作工业机器人进行这三种运动。

2.2.1 单轴运动

扫一扫看工业机器人三种运动模式微课视频

单轴运动指的是每次手动操作一个关节轴运动。ABB 工业机器人应用最多的为六轴串联型机器人，因此需要控制 6 个轴单独动作。各轴运动方向如图 2.9 所示。图 2.9 中的 1～6 分别代表六轴机器人的轴序号，"+"和"－"分别代表默认的轴运动时的正方向和负方向。

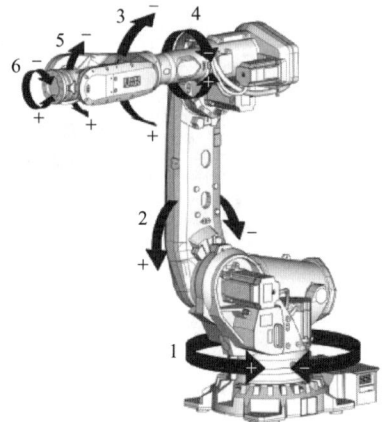

ABB 工业机器人单轴运动操作步骤见表 2.4。

图 2.9　ABB 工业机器人各轴运动方向

表 2.4　ABB 工业机器人单轴运动控制操作步骤

	第 1 步：电控柜上电，并确认电控柜上已切换至手动限速控制模式且急停按钮没有被按下

手动 LAPTOP-0B7FNJMD 防护装置停止 已停止（速度 100%） HotEdit　　　　备份与恢复 输入输出　　　　校准 手动操纵　　　　控制面板 自动生产窗口　　事件日志 程序编辑器　　　FlexPendant 资源管理器 程序数据　　　　系统信息 注销　Default User　　重新启动 手动操纵　　ROB_1	第 2 步：单击示教器上"≡∨"图标，选择"手动操纵"单击"动作模式"
手动 LAPTOP-0B7FNJMD 防护装置停止 已停止（速度 100%） 手动操纵 – 动作模式 当前选择：　　轴 1 - 3 选择动作模式。 轴 1 - 3　　轴 4 - 6　　线性　　重定位 确定　　取消 手动操纵　　ROB_1 1/3	第 3 步：在弹出的页面中选择"轴 1—3"，设置通过摇杆控制 1～3 轴手动单轴运动
手动 CN-20190723YXSU 电机开启 已停止（速度 100%） 手动操纵 点击属性并更改 机械单元：　ROB_1... 绝对精度：　Off 动作模式：　轴 1 - 3... 坐标系：　　基坐标... 工具坐标：　tool0... 工件坐标：　wobj0... 有效载荷：　load0... 操纵杆锁定：无... 增量：　　　用户... 位置 1:　0.11°　2:　0.20°　3:　-0.29°　4:　-0.20°　5:　30.09°　6:　0.23° 位置格式... 摇纵杆方向　2　1　3 对准...　转到...　启动... 自动生...　手动操纵　ROB_1 1/3	第 4 步：可以看到 1～6 轴当前位置、1～3 轴摇杆控制与机器人运动相对应的运动正方向

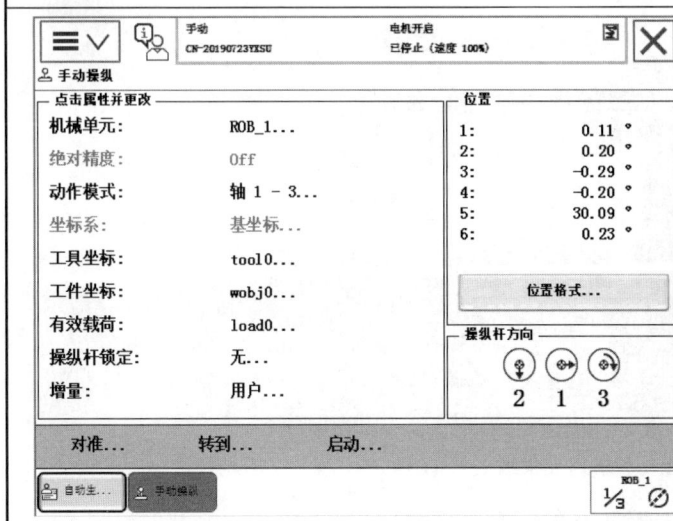

	第 5 步：将示教器正确持在手上，按下使能器按钮并保持在第一挡，使电动机开启
	第 6 步：分别控制机器人的 1、2、3 轴运行。注意观察机器人的运动方向，摇杆控制幅度要尽量小
	第 7 步：松开使能器按钮，防护装置停止，机器人停止运动

在让机器人停止运动的过程中，一定要先停止拨动操纵杆，后松开使能器按钮，如果先松开使能器按钮，则示教器上会出现报警信息。

💡 **注意**：机器人停止运动的操作顺序

2.2.2 线性运动

机器人的线性运动是指机器人末端 TCP（Tool Center Point，工具的中心点）在空间做线性运动；如果机器人末端安装有工具，则是指机器人六轴法兰盘上工具的 TCP 在空间的 X、Y、Z 轴的线性运动，这种运动方式移动的幅度较小，适合较为精确的定位和移动。机器人末端工具 TCP 如图 2.10 所示。

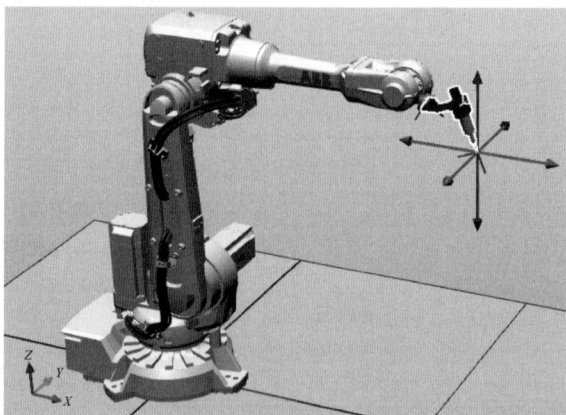

图 2.10 机器人末端工具 TCP

ABB 工业机器人线性运动操作步骤见表 2.5。

表 2.5　ABB 工业机器人线性运动操作步骤

当前选择：　　　线性 选择动作模式。 轴 1-3　　轴 4-6　　线性　　重定位	第 1 步：更改动作模式。在"手动操纵-动作模式"界面将"动作模式"切换为"线性"，并单击"确定"按钮
点击属性并更改 机械单元：　　ROB_1... 绝对精度：　　Off 动作模式：　　线性... 坐标系：　　　基坐标... 工具坐标：　　JiGuangBi_tool1... 工件坐标：　　XunJi_wobj... 有效载荷：　　load0... 操纵杆锁定：　无... 增量：　　　　无... 位置：坐标中的位置：WorkObject X:　522.01 mm Y:　0.00 mm Z:　848.10 mm q1:　0.50000 q2:　0.00000 q3:　0.86603 q4:　0.00000	第 2 步：选择对应的工具。在"手动操纵-动作模式"界面单击"工具坐标"，选择与机器人末端安装工具对应的工具坐标
	第 3 步：将示教器正确持在手上，按下使能器按钮并保持在第一挡，使电动机开启，并拨动摇杆操作机器人线性运动
	第 4 步：控制机器人做线性运动。摇杆控制方向与机器人运动相对应的 X、Y、Z 轴方向如第 2 步所示，摇杆控制幅度尽量小
	第 5 步：松开使能器按钮，防护装置停止，机器人停止运动

同样需要注意：在让机器人停止运动的过程中，一定要先停止拨动操纵杆，后松开使能器按钮，如果先松开使能器按钮，则机器人示教器上会出现报警信息。

2.2.3 重定位运动

机器人的重定位运动是指机器人第六轴法兰盘上的工具 TCP 在空间中绕着坐标轴旋转的运动，也可以理解为机器人绕着工具 TCP 做姿态调整的运动，但这种运动方式不改变 TCP 在空间中的位置。ABB 工业机器人重定位运动操作步骤见表 2.6。

表 2.6　ABB 工业机器人重定位运动操作步骤

	第 1 步：更改动作模式。在"手动操纵-动作模式"界面将"动作模式"切换为"重定位"，并单击"确定"按钮
	第 2 步：选择对应的工具坐标。在"手动操纵-动作模式"界面单击"工具坐标"，选择与机器人末端安装工具对应的工具坐标。注意，在这种运动模式下，机器人示教器默认选择坐标系为"工具"
	第 3 步：将示教器正确持在手上，按下使能器按钮并保持在第一挡，使电动机开启。控制机器人重定位运动。摇杆控制方向与机器人运动相对应的 X、Y、Z 轴方向如第 2 步所示，摇杆控制幅度尽量小
	第 4 步：松开使能器按钮，防护装置停止，机器人停止运动

通过上述操作，可控制工业机器人的各轴协调动作，使得工具 TCP 位置不变，机器人本体带着工具变换姿态。同样需要注意的是，在使机器人停止运动的过程中，一定要先停止拨动操纵杆，后松开使能器按钮，如果先松开使能器按钮，机器人示教器上会出现报警信息。

2.3　工业机器人参数设定与程序管理

扫一扫看 ABB 工业机器人参数设定与程序管理教学课件

2.3.1　系统参数设定

1. 系统信息

ABB 工业机器人系统信息会显示与控制器及其所加载的系统相关的信息。其中有当前所使用的 RobotWare 版本和选件、控制和驱动模块的当前密钥、网络连接等相关信息。在 ABB 工业机器人的主菜单中，单击"系统信息"选项，可查看控制器属性、系统属性等信息，如图 2.11 所示。

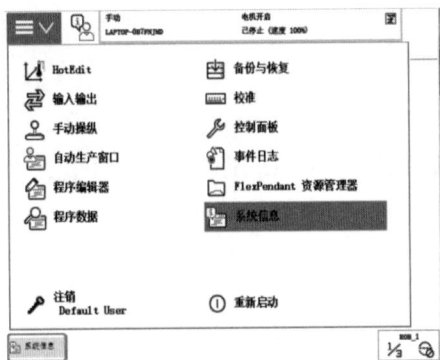

（a）

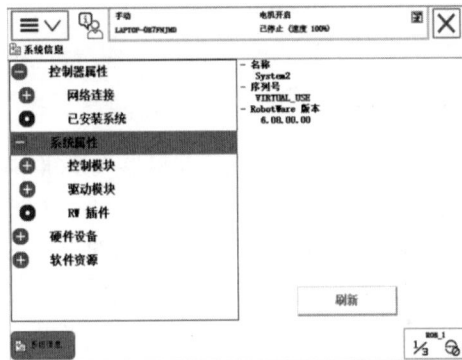

（b）

图 2.11　系统信息

2. 控制面板

ABB 工业机器人的控制面板包含了对机器人和示教器进行设定的相关功能。控制面板包括的项目见表 2.7。

表 2.7　控制面板包括的项目

选 项 名 称	说　　明
外观	可自定义显示器的亮度和设置左手或右手的操作习惯
监控	动作碰撞监控设置和执行设置
FlexPendant	示教器操作特性的设置
I/O	配置常用 I/O 列表，在输入/输出选项中显示
语言	控制器当前语言的设置
ProgKeys	为指定输入/输出信号配置快捷键
日期和时间	控制器的日期和时间设置
诊断	创建诊断文件
配置	系统参数设置
触摸屏	触摸屏重新校准

在 ABB 工业机器人的主菜单中，单击"控制面板"选项，可进行配置。如单击"配置可编程按键"选项，可将示教器上的可编程按键分配为与想要快捷控制的 I/O 信号对应，以方便对 I/O 信号进行强制与仿真操作，如图 2.12 所示。

| （a） | （b） |

图 2.12　配置可编程按键

3．校准功能

校准功能主要用于校准工业机器人系统中的机械装置。ABB 工业机器人每个关节轴都有一个机械原点的位置。在以下情况下，需要对机械原点的位置进行转数计数器更新操作。

（1）更换伺服电动机转数计数器的电池后；

（2）转数计数器发生故障并修复后；

（3）转数计数器与测量板之前断开过；

（4）断电后，机器人关节轴发生了移动；

（5）当系统报警提示"10036 转数计数器未更新"时。

转数计数器操作步骤见表 2.8。

表 2.8　转数计数器操作步骤

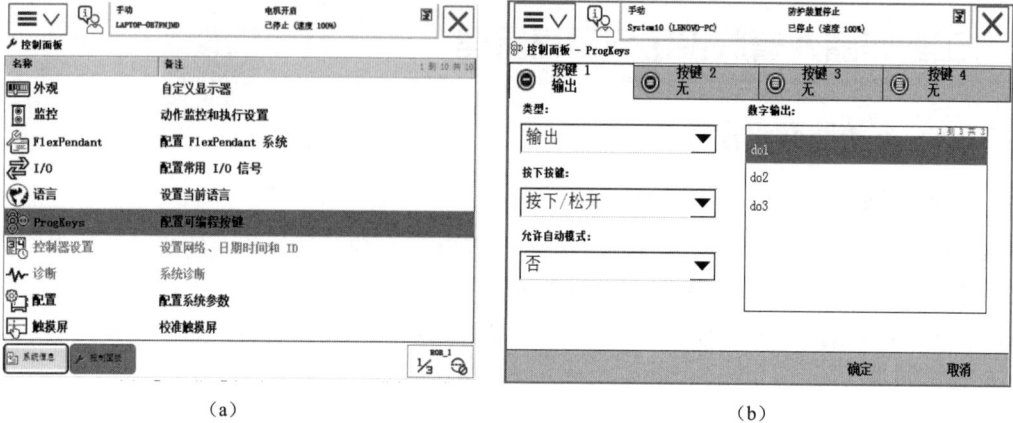

第 1 步：使用手动操纵让工业机器人各个关节轴运动到机械原点位置，各个轴运动的顺序是：4—5—6—1—2—3，各个轴机械原点的位置在工业机器人各轴的轴身上

手动 System1 (ESCL7C6PXXXTMON) 防护装置停止 已停止 (速度 100%)	
HotEdit 备份与恢复	
输入输出 校准	
手动操纵 控制面板	
自动生产窗口 事件日志	第 2 步：单击 ABB 主菜单下拉菜单，选择"校准"
程序编辑器 FlexPendant 资源管理器	
程序数据 系统信息	
注销 Default User 重新启动	
程序数据 手动操纵 校准 ROB_1	

手动 System1 (ESCL7C6PXXXTMON) 防护装置停止 已停止 (速度 100%)	
校准	
为使用系统，所有机械单元必须校准。	
选择需要校准的机械单元。	
机械单元 状态 1 到 1 共	第 3 步：单击"ROB_1"校准
ROB_1 校准	
程序数据 手动操纵 校准 校准 ROB_1	

手动 System1 (ESCL7C6PXXXTMON) 防护装置停止 已停止 (速度 100%)	
校准 – ROB_1	
转数计数器 加载电动机校准…	
编辑电动机校准偏移…	
校准 参数 微校…	第 4 步：选择"校准参数"，单击"编辑电动机校准偏移"
SMB 内存	
基座	
关闭	
程序数据 手动操纵 校准 校准 ROB_1	

续表

	第 5 步：将工业机器人本体第 2 轴上的电动机校准偏移记录下来，填入校准参数中 rob1_1 至 rob1_6 的偏移值中，单击"确定"按钮，如果示教器中显示的数值与工业机器人本体上的标签数值一致，则不需要修改，单击"确定"按钮
	第 6 步：参数有效，必须重新启动系统
	第 7 步：重新启动后，继续选择"校准"

手动　System1 (ESCL7C6PXXXYMON)　防护装置停止　已停止（速度 100%） □ 校准 为使用系统，所有机械单元必须校准。 选择需要校准的机械单元。 机械单元　状态　1 到 1 共 1 ROB_1　校准 自动生...　校准　校准　ROB_1	第 8 步：单击"ROB_1"校准
手动　System1 (ESCL7C6PXXXYMON)　防护装置停止　已停止（速度 100%） □ 校准 - ROB_1 转数计数器　更新转数计数器... 校准 参数 SMB 内存 基座 关闭 自动生...　校准　校准　ROB_1	第 9 步：单击"转数计数器"，选择"更新转数计数器"
手动　System1 (ESCL7C6PXXXYMON)　防护装置停止　已停止（速度 100%） □ 校准 - ROB_1 警告 ⚠ 更新转数计数器可能会改变预设位置。 确定要继续？ 是　否 关闭 自动生...　校准　校准　ROB_1	第 10 步：系统提示是否更新转数计数器，单击"是"按钮

	第 11 步：单击"全选"，6 个轴同时进行更新操作。如果机器人由于安装位置关系，6 个轴无法同时到达机械原点，则可以逐一对关节轴进行转数计数器更新
	第 12 步：单击"更新"按钮
	第 13 步：操作完成后，转数计数器更新完成，单击"确定"按钮

2.3.2 数据备份与恢复

定期对 ABB 工业机器人的数据进行备份，是保证 ABB 工业机器人正常操作的良好习惯。ABB 工业机器人数据备份的对象是所有正在系统内存运行的 RAPID 程序和系统参数。当工业机器人系统出现错误或重新安装系统后，可以通过备份快速地把工业机器人恢复到备份时的状态。在进行数据恢复时，要注意备份数据是具有唯一性的，不能将一台工业机器人的备份恢复到另一台工业机器人中，这样的话，会造成系统故障。

数据备份和恢复操作步骤见表 2.9。

表 2.9 数据备份和恢复操作步骤

	第 1 步：在主菜单页面下，单击"备份与恢复"
	第 2 步：单击"备份当前系统"

扫一扫看工业机器人数据备份微课视频

图示	说明
≡∨ 手动 System6 (ESCL7C6FXXXTMON)　电机开启　已停止（速度 100%）　✕ 备份当前系统 所有模块和系统参数均将存储于备份文件夹中。 选择其他文件夹或接受默认文件夹。然后单击"备份"。 备份文件夹： System6_Backup_20160121　　ABC... 备份路径： C:/Users/Administrator/Documents/RobotStudio/Solutions/Solution13/Systems/BACKUP/ 　... 备份将被创建在： C:/Users/Administrator/Documents/RobotStudio/Solutions/Solution13/Systems/BACKUP/System6_Backup_20160121/ 备份　取消 🔧控制面板　备份恢复　1/3	第3步：点击"ABC..."，进行存放备份数据目录的设定，点击"..."选择备份存放的位置（机器人硬盘或USB存储设备），单击"备份"，进行备份操作，等待备份完成
≡∨ 手动 System6 (ESCL7C6FXXXTMON)　电机开启　已停止（速度 100%）　✕ 备份与恢复 备份当前系统...　　恢复系统... 🔧控制面板　备份恢复　1/3	扫一扫看工业机器人数据恢复微课视频 重回第2步：单击"恢复系统"，进行恢复备份操作
≡∨ 手动 System6 (ESCL7C6FXXXTMON)　电机开启　已停止（速度 100%）　✕ 恢复系统 在恢复系统时发生了重启。任何针对系统参数和模块的修改若未保存则会丢失。 浏览要使用的备份文件夹。然后单击"恢复"。 备份文件夹： C:/Users/Administrator/Documents/RobotStudio/Solutions/Solution13/Systems/BACKUP/ 　... 恢复　取消 🔧控制面板　备份恢复　1/3	第4步：单击"..."按钮，选择备份存放的目录

续表

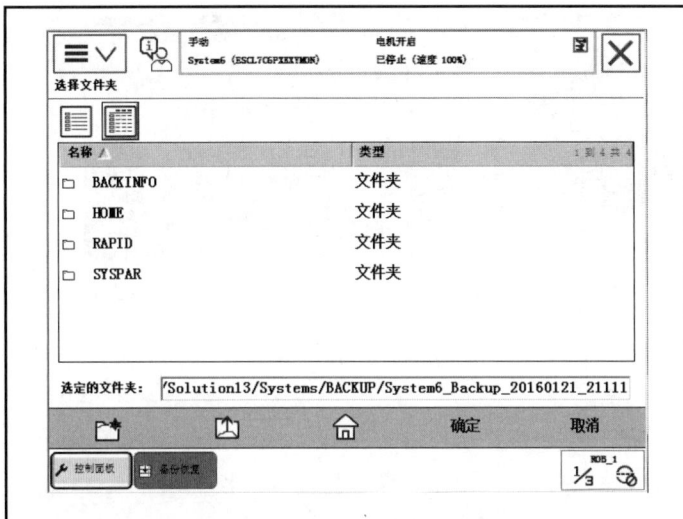

图	说明
	第 5 步：单击"恢复"，选择恢复的数据或程序名
	第 6 步：单击"是"按钮，进行数据恢复

项目实施

2.4　设备的开启和关闭

扫一扫看工业机器人设备开启微课视频

1. 设备开启

（1）检查线缆，确保输入电压正常。

（2）将工业机器人控制柜电源开关旋至"ON"，如图 2.13 所示。

（3）将实训系统控制柜总电源开关旋至"ON"，如图 2.14 所示。

（4）打开气泵开关，调节好气路输出。

（5）等待示教器初始化，进入系统主界面。

图 2.13 工业机器人控制柜

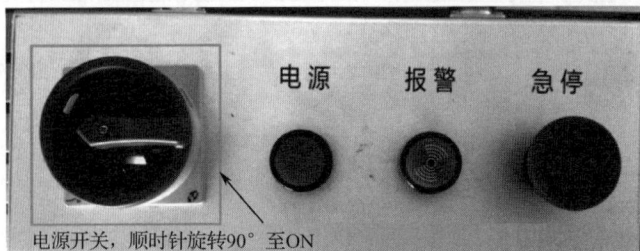

电源开关，顺时针旋转90°至ON

图 2.14 总电源开关

2. 设备关机

（1）确定工业机器人本体已停止动作。

（2）在示教器上单击"ABB"按钮，选择"重新启动→高级→关闭主计算机"命令，如图 2.15～图 2.18 所示。

图 2.15 菜单选择"重新启动"

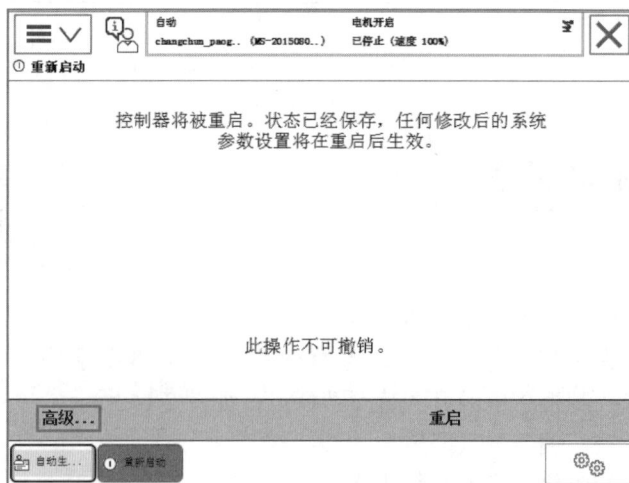

图 2.16 高级启动

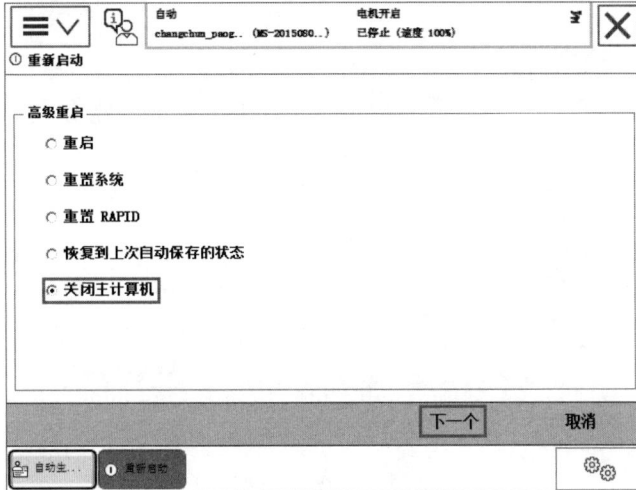

图 2.17　选择"关闭主计算机"

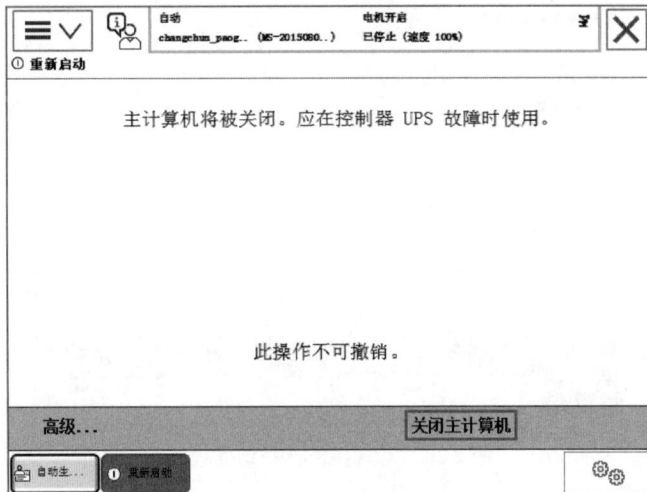

图 2.18　关闭主计算机

（3）关闭工业机器人控制柜电源开关。控制器关机后如需重新上电开机，则需要等待 2 分钟。

（4）关闭设备总电源。工业机器人控制器关闭后，将总电源开关逆时针旋转 90°至"OFF"，关闭系统总电源。

2.5　使用示教器

（1）正确持握示教器，掌握使用使能器按钮的正确方法。详见 2.1.2 节的内容。

（2）选择坐标系，在"手动操纵"界面中，选择可选的"坐标系"，如图 2.19 所示。

（3）选择运动模式。

① 常规操作：在示教器上单击"ABB"按钮，选择"手动操纵→动作模式"命令，进入 3 种运动模式选择界面，如图 2.20 所示。

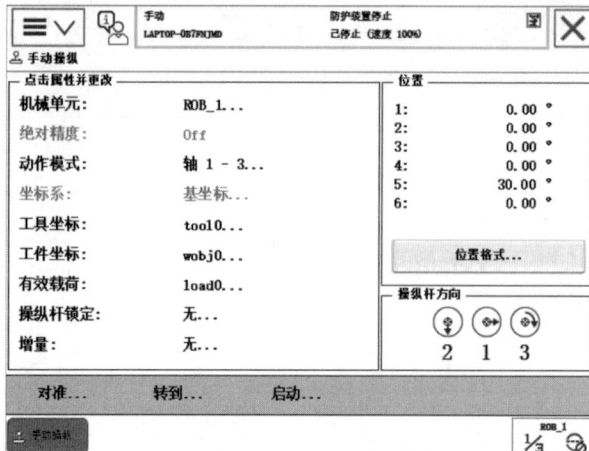

图 2.19　坐标系选择

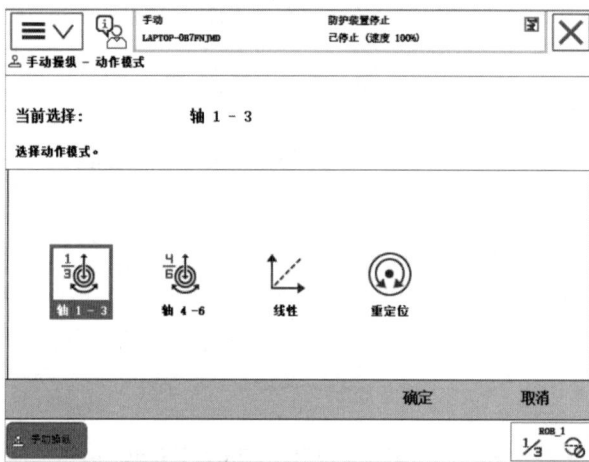

图 2.20　常规操作选择动作模式

②　快捷菜单操作：单击示教器右下角"快捷菜单"按钮，选择"手动操纵按钮→动作模式→显示详情"命令，在详细信息界面，可选择所需的运动模式，如图 2.21 所示。

图 2.21　快捷菜单操作选择动作模式

③ 快捷按钮操作：切换工业机器人的运动模式，如图 2.22 所示。

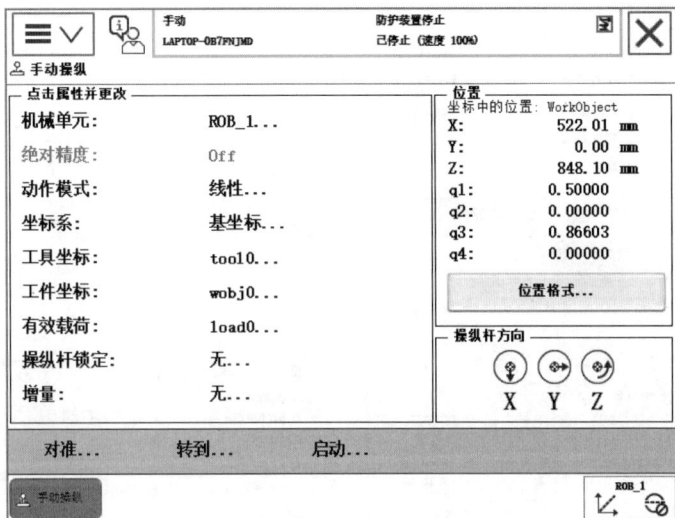

图 2.22　快捷按钮切换工业机器人运动模式

（4）手动操纵的 3 种运动模式。

① 调至"增量"模式控制工业机器人运动，如图 2.23 所示。

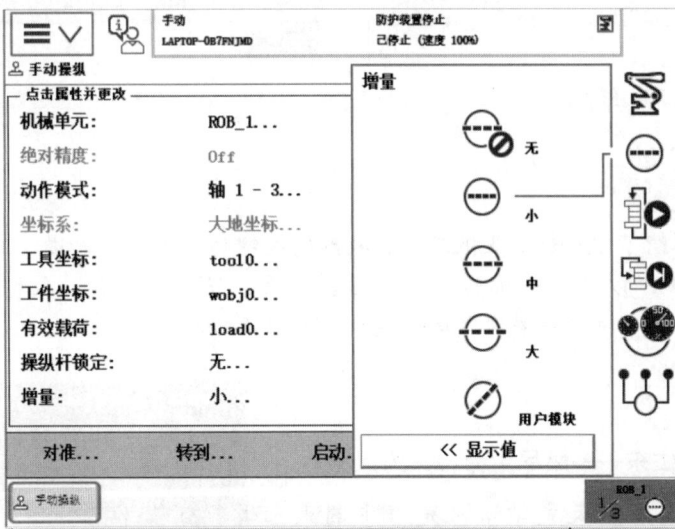

图 2.23　增量模式

② 进行单轴运动的手动操纵，观察工业机器人各轴的运动方向，如图 2.24 所示。

③ 进行线性运动的手动操纵，观察 X 轴、Y 轴和 Z 轴的运动方向，如图 2.25 所示。

④ 进行重定位运动的手动操纵，观察工业机器人法兰盘中心点的运动方向，如图 2.26 所示。

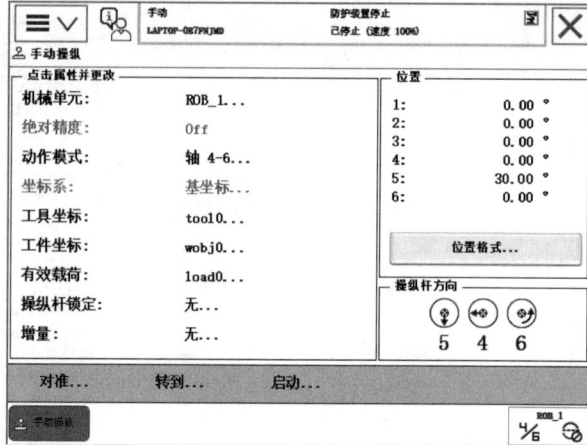

图 2.24　单轴运动

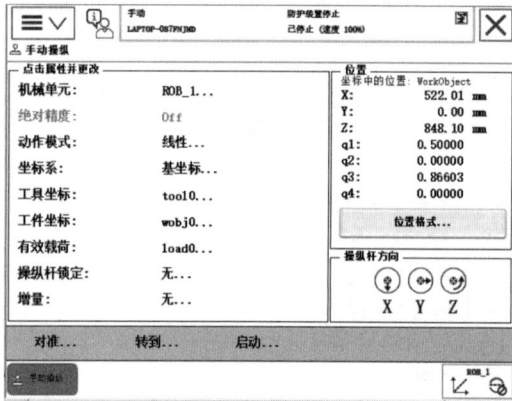

图 2.25　线性运动

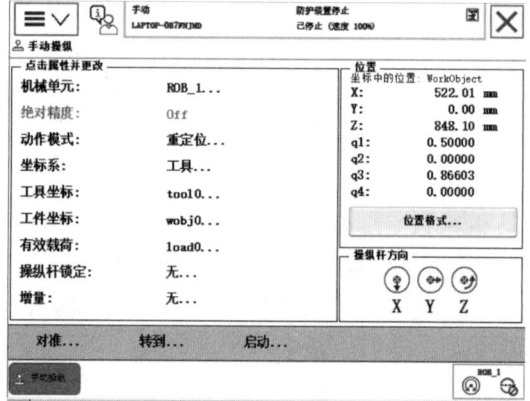

图 2.26　重定位运动

总　结

本项目主要介绍了 ABB 工业机器人示教器的按键功能和使用方法、工业机器人的手动操纵三种运动模式，以及工业机器人系统参数查看、设定与更新、数据备份与恢复等操作。重点训练学生熟练使用示教器完成工业机器人的手动操纵。

思政园地

"时代楷模"南仁东——燃尽生命，只为天眼

南仁东是我国著名天文学家，是"中国天眼"500 米口径球面射电望远镜（FAST）工程的发起者和奠基人。他从论证立项到选址建设历时 22 年，主持攻克了一系列技术难题，为 FAST 重大科学工程的顺利落成发挥了关键作用，做出了重要贡献。他不计个人名利得失，长期默默无闻

图 2.27　群山之中的 FAST

地奉献在科研工作第一线，与全体工程团队一起通过不懈努力，迈过重重难关，实现了中国拥有世界一流水平望远镜的梦想。南仁东为崇山峻岭间的"中国天眼"燃尽生命，在世界天文史上镌刻下新的高度。他执着追求科学梦想的精神，将激励一代又一代科技工作者接续奋斗，勇攀世界科技高峰。

习题 2

扫一扫看习题 2 参考答案

一、填空题

1．工业机器人的操作模式有（　　）模式和自动模式。

2．工业机器人在（　　）模式下，使能器按键无效。

3．手动操作工业机器人不熟练时，为防止速度过快或碰撞，需要打开快捷按钮中的（　　）模式。

4．在（　　）菜单中可以设置工业机器人系统时间。

5．工业机器人的位姿是由姿态和（　　）两部分变量构成的。

6．六轴工业机器人的手动操作有（　　）、线性、重定位三种运动模式。

7．备份功能可以保存系统参数、系统模块和（　　）。

8．系统默认的备份文件夹名称为"IRB1200_Backup_20191115"，其中"20191115"指的是备份的（　　）。

9．只有在（　　）模式下才能在程序编辑器中进行添加指令的操作。

10．在调试程序时，应该先进行（　　）调试，再进行连续运行调试。

11．新添加的指令一般默认插入在（　　）位置的下一行。

12．使用（　　）功能，可以在指令前添加一个"感叹号"，工业机器人运行时将忽略这条指令。

二、单选题

1．示教器操作工业机器人时，（　　）模式下无法通过使能按键获得使能。

A．手动　　　　　　B．自动　　　　　　C．单步调试　　　　　　D．增量

2．在工业机器人调试过程中，一般将其置于（　　）状态。

A．自动状态　　　　　　　　　　　　B．防护装置停止状态

C．手动全速状态　　　　　　　　　　D．手动限速状态

3．为确保安全，用示教器手动操作工业机器人时，工业机器人的最高速度限制为（　　）。

A．50 mm/s　　　　B．250 mm/s　　　　C．800 mm/s　　　　D．1 600 mm/s

4．示教器上安全开关握紧为 ON，松开为 OFF 状态，当握紧力过大时，为（　　）状态。

A．不变　　　　　　B．ON　　　　　　C．OFF　　　　　　D．其他

5．示教编程方法是指工业机器人由操作者引导，控制其运动，记录其作业的程序点，并插入所需的工业机器人指令来完成程序的编写，一般包括示教、（　　）、再现三个步骤。

A．连续运行　　　　B．存储　　　　　　C．再现　　　　　　D．示教

6. 工业机器人的任何位置和姿态都可以用（　　）自由度来描述。

A．3个　　　　　　　　B．4个　　　　　　　　C．5个　　　　　　　　D．6个

7. 示教器上的快捷键不包括（　　）。

A．动作模式切换　　　B．轴切换　　　　　　C．坐标切换　　　　　　D．增量模式切换

8. 工业机器人示教器的语言变换必须在（　　）模式下进行。

A．手动　　　　　　　B．自动　　　　　　　C．线性　　　　　　　　D．编程

9. 在工业机器人操作中，决定姿态的是（　　）。

A．末端工具　　　　　B．基座　　　　　　　C．手臂　　　　　　　　D．手腕

10. 工业机器人的控制方式分为点位控制和（　　）。

A．点对点控制　　　　B．点到点控制　　　　C．连续轨迹控制　　　　D．任意位置控制

三、判断题

1. 工业机器人手动操作时，示教使能键要一直按住。（　　）

2. 工业机器人系统时间在校准菜单中可以设置。（　　）

3. 在控制面板菜单中可以修改示教器语言。（　　）

4. 最大工作速度通常指工业机器人单关节速度。（　　）

5. 工业机器人在运行程序时，不能进行备份操作。（　　）

6. 在手动操作时会出现某关节到达极限位置的情况。（　　）

7. 通过调整工业机器人各关节的姿态可以扩大工业机器人的工作范围。（　　）

8. 工业机器人的编程方式有在线编程和离线编程两种。（　　）

9. 熔断器更换后，只要能使工业机器人恢复正常运行即可。（　　）

10. 没有及时更换电池也不必担心，数据依旧会保存在SRAM中。（　　）

四、多选题

1. 在示教器控制面板可以进行（　　）设置。

A．语言　　　　　　　B．外观　　　　　　　C．程序数据　　　　　　D．系统时间

2. 工业机器人的控制方式分为（　　）。

A．点对点控制　　　　B．点到点控制　　　　C．连续轨迹控制　　　　D．点位控制

3. 将工业机器人切换到自动模式下运行，下列操作中（　　）不可实现。

A．编辑程序　　　　　B．切换坐标系　　　　C．更改速度　　　　　　D．查看系统参数

4. 系统备份与恢复过程中，以下无法操作和运行的是（　　）。

A．程序的加载　　　　B．后台任务　　　　　C．程序的启动　　　　　D．程序的删除

5. 工业机器人的零点校准方式有（　　）。

A．使用系统自带的校准程序　　　　　　　　B．绝对精度校准

C．手动操作校准　　　　　　　　　　　　　D．外接测量工具校准

项目报告 2

班级		姓名		学号	
指导教师			时　间		年　月　日
课程名称					
项目 2			工业机器人手动操纵		
学习目标	了解工业机器人安全使用环境，按规程操纵工业机器人。能够认识示教器，掌握工业机器人示教器界面功能，熟练使用示教器进行工业机器人的手动操纵。				
注意事项	1．在教师的指导下进行实训任务。 2．实训过程中不要乱改参数。 3．工业机器人运行中，禁止碰触工业机器人。 4．工业机器人手动操作时尽量降低运行速度。 5．在运行线性模式时 4 轴与 5 轴不要在一条直线上，否则工业机器人会出现奇异点。 6．工业机器人运动异常时，应及时按下急停开关。				
学习任务	任务 1：设备的正确开机和关机 在实训前完成设备的正确开机，实训后完成设备的正确关机。 任务 2：熟悉机器人示教器的使用 1．正确手持示教器完成语言的设置。 2．熟练使用示教器手动操作的快捷按钮。 3．熟练使用示教器手动操作的快捷菜单。				

学习任务	任务3：手动操纵工业机器人
	1. 使用单轴运动操纵工业机器人。
	2. 使用线性运动操纵工业机器人。
	3. 使用重定位运动操纵工业机器人。
	任务4：趣味竞赛
	以小组形式完成比赛，要求手动操作工业机器人完成20块物料的码垛，用时短的小组胜出。
学习心得	

项目评价 2

项目 2 工业机器人手动操纵				
基本素养（30 分）				
序号	内容	自评	互评	师评
1	纪律（10 分）			
2	安全操作（10 分）			
3	交流沟通（5 分）			
4	团队协作（5 分）			
理论知识（30 分）				
序号	内容	自评	互评	师评
1	示教器快捷键菜单的使用（10 分）			
2	示教器快捷键的使用（10 分）			
3	工业机器人运动模式（10 分）			
操作技能（40 分）				
序号	内容	自评	互评	师评
1	工业机器人安全操作注意事项（10 分）			
2	正确开机和关机（5 分）			
3	单轴运动操作（5 分）			
4	线性运动操作（5 分）			
5	重定位运动操作（5 分）			
6	趣味竞赛（10 分）			

项目 **3**

循迹模块编程与操作

项目分析

　　为适应精密加工立体工件的需要，激光加工机器人应运而生。在汽车制造领域，激光切割机器人已经广泛应用于小型汽车顶窗等空间曲线加工，如图 3.1 所示。本项目模拟激光切割轨迹完成循迹模块的编程与操作。循迹模块由三角形、正方形、五角星、圆形、"J"、"S"、"H"、"B" 8 个图形的轨迹组成，主要学习工业机器人的基本操作及简单编程，如图 3.2 所示。

图 3.1　激光切割机器人

图 3.2　循迹模块

学习目标

知识目标

● 掌握工业机器人程序的结构与建立方法。

● 掌握运动指令的运动特点、格式及使用方法。

能力目标

● 独立完成程序模块的新建与保存，进行 RAPID 程序编写、调试、自动运行。
● 独立完成循迹模块的程序编写与调试。

素质目标

● 培养学生良好的动手能力、沟通能力和团队合作能力。
● 培养学生较强的逻辑思维能力。

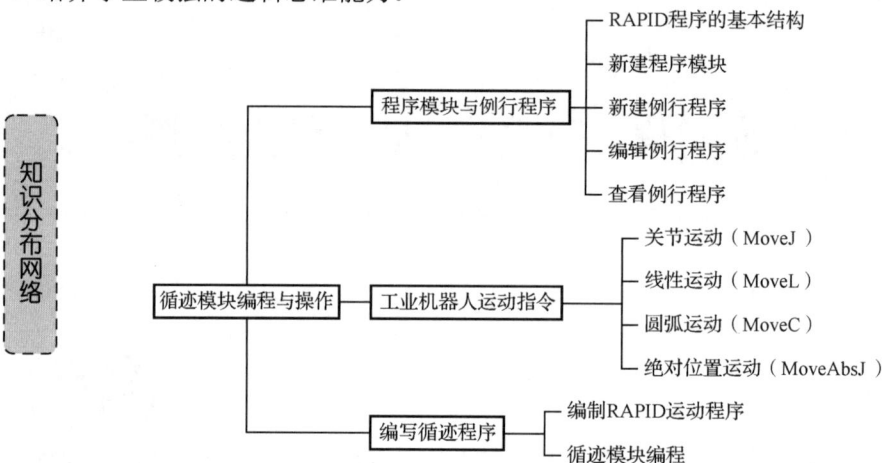

知识分布网络

循迹模块编程与操作

- 程序模块与例行程序
  - RAPID程序的基本结构
  - 新建程序模块
  - 新建例行程序
  - 编辑例行程序
  - 查看例行程序
- 工业机器人运动指令
  - 关节运动（MoveJ）
  - 线性运动（MoveL）
  - 圆弧运动（MoveC）
  - 绝对位置运动（MoveAbsJ）
- 编写循迹程序
  - 编制RAPID运动程序
  - 循迹模块编程

相关知识

3.1 程序模块与例行程序

扫一扫看程序模块与例行程序教学课件

3.1.1 RAPID 程序的基本结构

RAPID 程序中包含了一连串控制工业机器人的指令，执行这些指令可以实现对 ABB 工业机器人的控制操作。RAPID 程序的基本架构见表 3.1。

表 3.1 RAPID 程序的基本架构

RAPID 程序			
程序模块 1	程序模块 2	程序模块 3	程序模块 4
程序数据	程序数据	…	程序数据
主程序 Main	例行程序	…	例行程序
例行程序	中断程序	…	中断程序
中断程序	功能	…	功能
功能			

RAPID 程序的架构说明：

（1）RAPID 程序由程序模块与系统模块组成。一般情况下只通过新建程序模块来构建工业机器人的程序，系统模块多用于系统方面的控制。

（2）可以根据不同的用途创建多个程序模块，如专门用于主控制的程序模块、用于位置计算的程序模块、用于存放数据的程序模块等，这样便于归类管理不同用途的例行程序与数据。

（3）每个程序模块可包含程序数据、例行程序、中断程序和功能四种对象，但不一定在一个模块中都有这四种对象，程序模块之间的程序数据、例行程序、中断程序和功能是可以互相调用的。

（4）在 RAPID 程序中，只有一个主程序 Main，并且存于任意一个程序模块中，作为整个 RAPID 程序执行的起点。

3.1.2 程序模块和例行程序的建立

1. 新建程序模块

在建立程序模块之前，要首先确认工业机器人处于"手动"模式。建立程序模块的步骤见表 3.2。

表 3.2 建立程序模块的步骤

	第 1 步：点击示教器左上角"≡∨"，选择"程序编辑器"，在弹出的提示框中选择"取消"按钮
	第 2 步：示教器中自带的两个模块 BASE 和 user 均为系统模块，不能在系统模块中进行编程，应新建程序模块。在示教器左下角单击"文件"，选择"新建模块"

手动 LAPTOP-0B7FNJMD 防护装置停止 已停止（速度 100%） T_ROB1 模块 模块 名称 △ 1 到 2 共 2 BASE user 添加新的模块后，您将丢失程序指针。 是否继续？ 是　　否 文件　刷新　显示模块　后退 T_ROB1	第 3 步：在弹出的提示框中单击"是"按钮
手动 LAPTOP-0B7FNJMD 防护装置停止 已停止（速度 100%） 新模块 – T_ROB1 内的〈未命名程序〉 新模块 名称： Project ABC... 类型： Program ▼ 确定　取消 T_ROB1	第 4 步：更改新建模块的名称。根据工程实际情况进行命名，名称不宜过长，不宜使用关键字，并且名称的首位必须为字母，其后可以根据具体情况添加数字、下画线等。名称确定好后，单击"确定"按钮
手动 LAPTOP-0B7FNJMD 防护装置停止 已停止（速度 100%） T_ROB1 模块 名称 △ 类型 更改 1 到 3 共 3 BASE 系统模块 Project 程序模块 user 系统模块 文件　刷新　显示模块　后退 T_ROB1	第 5 步：构建完成的程序模块

2. 新建例行程序

在每个程序模块中，需要有一个主程序。因此需要先新建一个主程序 Main，再新建一个普通的例行程序。Main 作为程序模块的主运行程序，其他程序为子程序。建立例行程序的步骤见表 3.3。

扫一扫看新建例行程序微课视频

表 3.3　建立例行程序的步骤

手动 LAPTOP-OB7FNJMD　防护装置停止 已停止 (速度 100%)　T_ROB1　模块　名称　类型　更改　1 到 2 共 3　BASE　系统模块　Project　程序模块　user　系统模块　文件　刷新　显示模块　后退	第 1 步：选择"Project"程序模块，单击"显示模块"
手动 LAPTOP-OB7FNJMD　防护装置停止 已停止 (速度 100%)　T_ROB1 内的<未命名程序>/Project　任务与程序　模块　例行程序　1　2　MODULE Project　3　4　ENDMODULE　添加指令　编辑　调试　修改位置　隐藏声明	第 2 步：在显示的界面单击"例行程序"，可以看到新程序模块中没有程序
手动 LAPTOP-OB7FNJMD　防护装置停止 已停止 (速度 100%)　T_ROB1/Project　例行程序　活动过滤器：　名称　模块　类型　1 到 1 共 1　无例行程序　新建例行程序…　复制例行程序…　移动例行程序…　更改声明…　重命名…　删除例行程序…　文件　显示例行程序　后退	第 3 步：在显示的例行程序界面单击"文件"，选择"新建例行程序"

例行程序声明 名称： Main ABC... 类型： 程序 参数： 无 ... 数据类型： num ... 模块： Project 本地声明： □ 撤销处理程序： □ 错误处理程序： □ 向后处理程序： □ 结果... 确定 取消	第 4 步：将例行程序名更改为"Main"，其他参数默认，单击"确定"按钮，主程序建立完成
T_ROB1/Project 例行程序 活动过滤器： 名称 模块 类型 1 到 1 共 1 Main() Project Procedure 新建例行程序... 复制例行程序... 移动例行程序... 更改声明... 重命名... 删除例行程序... 文件 显示例行程序 后退	第 5 步：再次单击"文件"—"新建例行程序"，建立子程序"Routine1"
T_ROB1/Project 例行程序 活动过滤器： 名称 模块 类型 1 到 2 共 2 Main() Project Procedure Routine1() Project Procedure 文件 显示例行程序 后退	第 6 步：选择新建的例行程序"Routine1"，单击"显示例行程序"

续表

	第 7 步：在蓝色高亮显示的"<SMT>"处可以添加指令，开始编程

3.1.3　编辑例行程序

编辑例行程序的方法见表 3.4。

表 3.4　编辑例行程序的方法

	1. 选择"文件"菜单，可进行复制例行程序、移动例行程序、更改声明、重命名、删除例行程序等操作
	2. 单击"复制例行程序"，可对复制的程序名称、类型、存储模块进行修改

工业机器人编程与操作（ABB）

手动 LAPTOP-0B7FNJMD　电机开启 已停止（速度 100%） 移动例行程序 – T_ROB1 内的〈未命名程序〉/Project/Routine1 名称：　Routine1　ABC... 类型：　程序　▼ 参数：　无　... 数据类型：　num　... 任务：　T_ROB1　▼ 模块：　user　▲ 本地声明：　user 错误处理程序：　Module1 结果...　确定　取消 T_ROB1 Project　T_ROB1 Project　ROB_1 1/3	3. 单击"移动例行程序"，可将选中的例行程序移动到其他程序模块中
手动 LAPTOP-0B7FNJMD　电机开启 已停止（速度 100%） 更改声明 – T_ROB1 内的〈未命名程序〉/Project/Routine1 例行程序声明 名称：　Routine1　ABC... 类型：　程序　▲ 参数：　程序 数据类型：　功能 　中断 模块：　Project　▼ 本地声明：　□　撤销处理程序：　□ 错误处理程序：　□　向后处理程序：　□ 结果...　确定　取消 T_ROB1 Project　ROB_1 1/3	4. 单击"更改声明"，可对例行程序的类型、所属模块进行修改
手动 LAPTOP-0B7FNJMD　电机开启 已停止（速度 100%） Routine1 1 2 3 4 5 6 7 8 9 0 - = ⌫ q w e r t y u i o p [ ] CAP a s d f g h j k l ; ' + Shift z x c v b n m , . / Home Int'l \ ↑ ↓ ← → End 确定　取消 手动操纵　T_ROB1 Project　ROB_1 1/3	5. 单击"重命名"，在弹出的键盘中输入新的名称，单击"确定"按钮

续表

	6. 单击"删除例行程序",确定是否进行删除操作,确定删除则单击"确定"按钮

3.1.4　查看例行程序

查看例行程序的步骤见表 3.5。

表 3.5　查看例行程序的步骤

	第 1 步:在操作界面单击"程序编辑器"
	第 2 步:直接进入主程序中,单击"例行程序",查看例行程序列表

第3步：程序模块中包含的所有例行程序都被显示出来

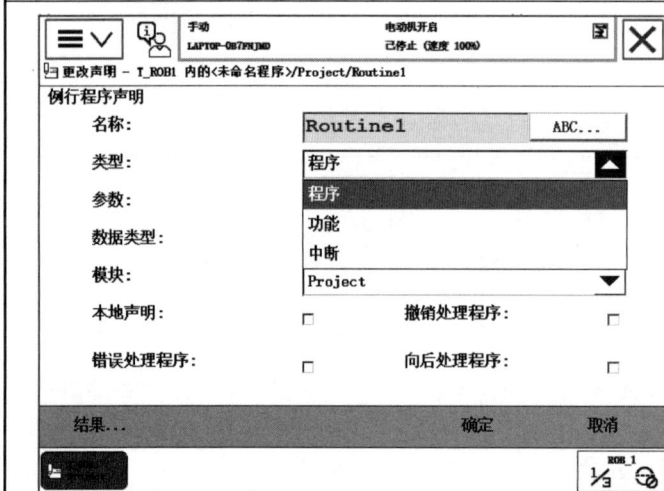

第4步：单击"后退"按钮，选择"模块"，可以查看模块列表

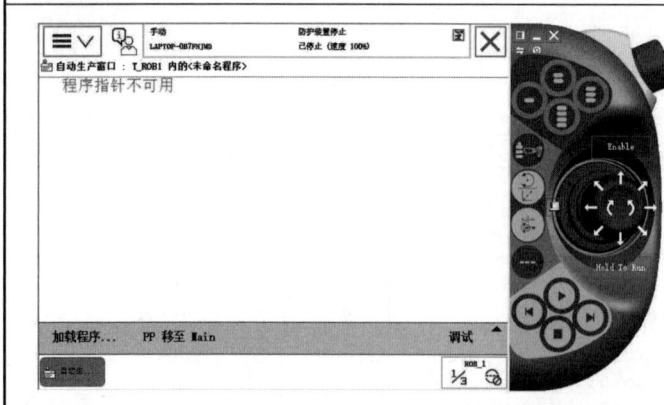

第5步：单击"关闭"按钮，就可以退出程序编辑器

3.2 工业机器人运动指令

工业机器人在空间中运动主要有 4 种方式，分别是关节运动（MoveJ）、线性运动（MoveL）、圆弧运动（MoveC）和绝对位置运动（MoveAbsJ）。

1．关节运动（MoveJ）

关节运动指令用于在对路径精度要求不高的情况下，工业机器人的工具中心点 TCP 从一个位置移动到另一个位置，两个位置之间的路径不一定是直线，而是由工业机器人自己规划的一条路径，如图 3.3 所示。关节运动适合工业机器人大范围运动时使用，不容易在运动过程中出现关节轴进入机械死点的问题，其在点对点搬运的作业场合广泛应用。关节运动指令结构如图 3.4 所示。

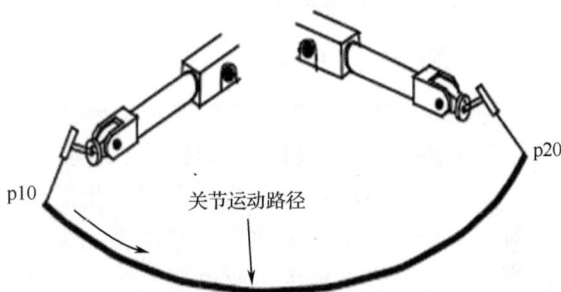

图 3.3 关节运动路径

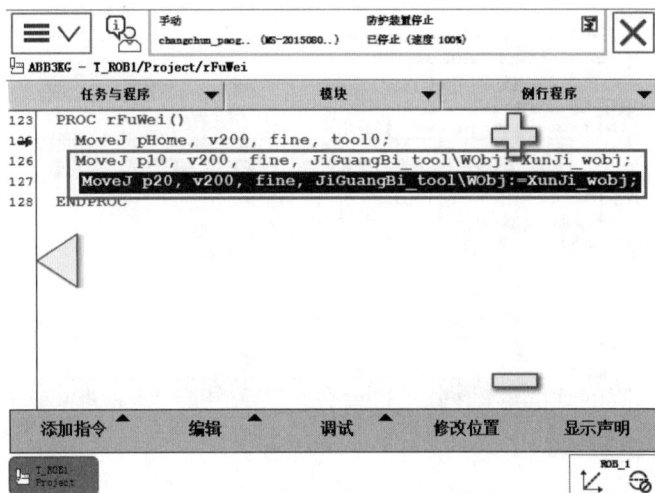

图 3.4 关节运动指令结构

图 3.4 的关节运动指令"MoveJ p10，v200，fine，JiGuangBi_tool\Wobj:=XunJi_wobj;"包含 5 个程序数据参数，其参数功能及说明见表 3.6。

表 3.6 关节运动指令解析

参　数	含　义	说　明
p10/p20	目标点位置数据	包含 6 个关节轴数据，通过"修改位置"菜单命令记录
v200	运动速度数据，200 mm/s	该值越大，工业机器人运动速度越快，最高为 5000 mm/s，在手动操纵中一律限速为 250 mm/s

续表

参　　数	含　　义	说　　明
fine	转弯区数据	此区域数据描述了所生成拐角路径的大小，单位为 mm，设置为 fine 表示无拐角
JiGuangBi_tool	运动期间使用的工具坐标数据	在"手动操纵"中设置机器人的工具坐标系，在程序编辑时将自动生成该工具坐标系
XunJi_wobj	运动期间使用的工件坐标数据	在"手动操纵"中设置机器人的工件坐标系，在程序编辑时将自动生成该工件坐标系

2. 线性运动（MoveL）

线性运动是工业机器人的 TCP 从起点到终点之间的路径始终保持为直线，一般在如焊接、涂胶等对路径要求高的场合使用此指令，如图 3.5 所示。但需要注意，空间直线距离不宜太远，否则容易到达工业机器人的轴限位或死点。如想获得精确路径，则两点距离较短为宜。其指令结构如图 3.6 所示。

扫一扫看工业机器人线性运动指令微课视频

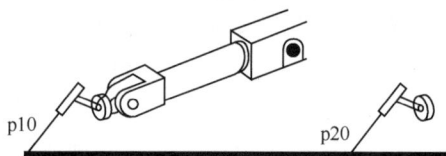

图 3.5　线性运动路径

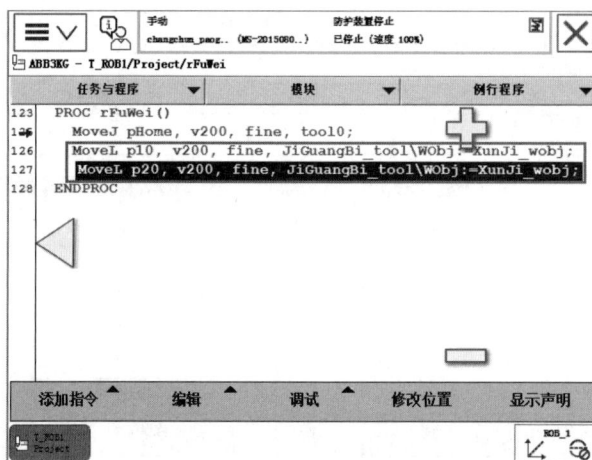

图 3.6　线性运动指令结构

线性运动指令参数调用同关节运动相似，指令中所使用参数见表 3.6。

扫一扫看工业机器人圆弧运动指令微课视频

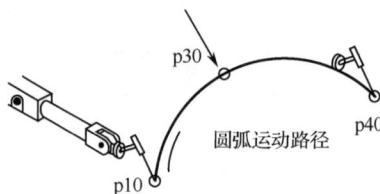

3. 圆弧运动（MoveC）

圆弧运动路径是在工业机器人可到达的空间范围内定义 3 个位置点，第一个点是圆弧的起点，第二个点用于控制圆弧的曲率，第三个点是圆弧的终点，如图 3.7 所示。

由于确定一段圆弧需要 3 个数据才能完成，而圆弧运动指令里面只有两个数据，即确定圆弧所需的第

图 3.7　圆弧运动路径

二个点和第三个点，因此，确定圆弧所需的第一个点实际是上一条指令执行完毕后工业机器人所停的位置，所以圆弧运动指令一般不能应用到所编写程序的第一条。圆弧运动指令结构如图 3.8 所示。

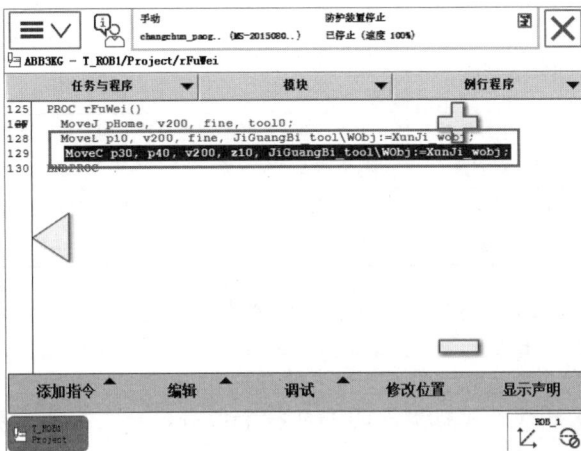

图 3.8　圆弧运动指令结构

4．绝对位置运动（MoveAbsJ）

绝对位置运动指令是工业机器人的运动使用 6 个轴和外轴的角度值来定义目标位置数据。其指令结构如图 3.9 所示。

图 3.9　绝对位置运动指令结构

该绝对位置运动指令"MoveAbsJ *\NoEoffs，v200，fine，JiGuangBi_tool\Wobj:=XunJi_wobj；"包含 6 个程序数据参数，其参数功能及说明见表 3.7。

表 3.7　绝对位置运动指令解析

参　数	含　义	说　明
*	目标点位置数据	包含 6 个关节轴数据，可直接在"调试"栏目中修改关节轴数据
\NoEOffs	外轴不带偏移数据	无

参　数	含　义	说　明
v200	运动速度数据	该值越大，工业机器人运动速度越快，最高为 5000 mm/s，在手动操纵中一律限速为 250 mm/s
fine	转弯区数据	转弯区数据描述了所生成拐角路径的大小，单位为 mm，设置为 fine 表示无拐角
JiGuangBi_tool	运动期间使用的工具坐标数据	在"手动操纵"中设置机器人的工具坐标系，在程序编辑时将自动生成该工具坐标系
XunJi_wobj	运动期间使用的工件坐标数据	在"手动操纵"中设置机器人的工件坐标系，在程序编辑时将自动生成该工件坐标系

　　绝对位置运动指令 MoveAbsJ 常用于工业机器人 6 个轴回到机械原点（0°）的位置，具体操作步骤见表 3.8。

扫一扫看工业机器人 6 轴回到机械零点微课视频

💡**小知识**：在添加或修改工业机器人的运动指令之前，一定要首先确认所选用的工具坐标与工件坐标。

表 3.8　工业机器人 6 轴回机械原点的步骤

	第 1 步：进入"手动操纵"界面，确认已选定工具坐标与工件坐标
	第 2 步：添加绝对位置运动指令，并选中位置数据变量

新数据声明 数据类型: jointtarget　　　当前任务: T_ROB1 名称: jpos10　　... 范围: 全局 ▼ 存储类型: 常量 ▼ 任务: T_ROB1 ▼ 模块: Module1 ▼ 例行程序: ⟨无⟩ ▼ 维数: ⟨无⟩ ▼ 　... 初始值　　　　确定　　　取消	第 3 步：为选中的目标点命名，并单击"确定"按钮
手动　CN-20190723YISU　防护装置停止　已停止 (速度 100%) T_ROB1 内的⟨未命名程序⟩/Module1/main 任务与程序 ▼　模块 ▼　例行程序 ▼ 26 PROC main() 27 　!Add your code here 28 　MoveAbsJ jpos10 \NoEOffs, v 29 ENDPROC PP 移至 Main　PP 移至光标 PP 移至例行程序...　光标移至 PP 光标移至 MP　移至位置 调用例行程序…　取消调用例行程序 查看值　检查程序 查看系统数据　搜索例行程序 添加指令　编辑　调试　修改位置　显示声明	第 4 步：选中新建的目标点 jpos10，在"调试"菜单中单击"查看值"
手动　CN-20190723YISU　防护装置停止　已停止 (速度 100%) 编辑 名称: jpos10 单击一个字段以编辑值。 <table><tr><th>名称</th><th>值</th><th>数据类型</th></tr><tr><td>rax_1 :=</td><td>0</td><td>num</td></tr><tr><td>rax_2 :=</td><td>0</td><td>num</td></tr><tr><td>rax_3 :=</td><td>0</td><td>num</td></tr><tr><td>rax_4 :=</td><td>0</td><td>num</td></tr><tr><td>rax_5 :=</td><td>30</td><td>num</td></tr><tr><td>rax_6 :=</td><td>0</td><td>num</td></tr></table>撤销　　确定　　取消	第 5 步：可查看 1~6 轴的当前值

续表

	第 6 步：将各轴值改为 0，单击"确定"按钮，该点即变为工业机器人的机械原点。此时，再进行程序调试，则工业机器人会回到机械原点

项目实施

本项目实施的前提是激光笔工具已从工具库中取出，安装在法兰盘上，且激光笔始终是打开的状态。在后续的项目中将会学习通过 I/O 控制信号来控制激光笔打开或关闭。

3.3 编写循迹程序

扫一扫看编写循迹程序教学课件

3.3.1 编制一个可以运行的 RAPID 运动程序

循迹模块轨迹如图 3.10 所示，以三角形为例，编制一个 RAPID 程序，使得工业机器人的 TCP 从当前位置向 home 点以关节运动方式前进，速度是 150mm/s，转弯区数据是 fine，使用的工具数据是 tool0，工件坐标数据是 wobj0。接着以相同的速度、转弯区数据、工具坐标、工件坐标从 home 点出发做关节运动至三角形第一个点 p1，继续做线性运动至三角形第二个点 p2 和第三个点 p3，并做线性运动回到三角形第一个点 p1，最后回到 home 点位置。

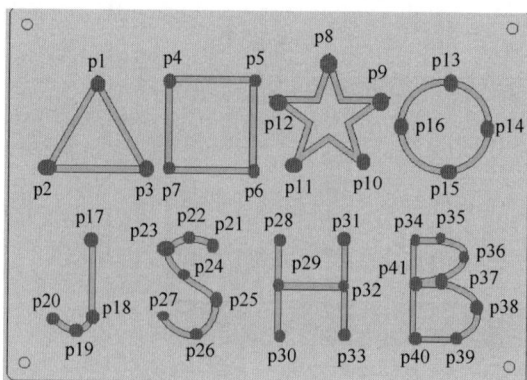

图 3.10　循迹模块示意图

1. 添加指令

添加指令步骤见表 3.9。

表 3.9 添加指令步骤

	第 1 步：在操作界面单击"程序编辑器"
	第 2 步：确认已选定的工具坐标与工件坐标
	第 3 步：选中<SMT>为添加指令位置，打开"添加指令"菜单

续表

	第 4 步：在指令列表中选择"MoveJ"指令
	第 5 步：单击"*"，编辑 MoveJ 指令中的目标点位置数据 home
	第 6 步：继续编辑指令中的程序数据参数 v150 和 fine

续表

第 7 步：关闭指令列表，可以看到 MoveJ 指令，并手动操作工业机器人完成点的示教器

第 8 步：继续完成其他程序语句的编辑

2. 程序调试

程序调试步骤见表 3.10。

扫一扫看程序调试微课视频

表 3.10　程序调试步骤

第 1 步：将机器人控制柜调整到手动限速模式，单击示教器下方的"调试"菜单

手动 LAPTOP-0B7FNJMD　**电机开启** 己停止（速度 100%） PP 移至例行程序 选定的例行程序：　　Routine1 从列表中选择一个例行程序。 | 名称	类型	模块	1 到 3 共 2
main	程序	Project
Routine1	程序	Project
Routine2	程序	Project | 确定　　取消 手动操纵　T_ROB1 Project	第 2 步：单击"PP 移至例行程序"，在弹出的菜单中选择 Routine1 例行程序，单击"确定"按钮
手动 LAPTOP-0B7FNJMD　**电机开启** 己停止（速度 100%） T_ROB1 内的＜未命名程序＞/Project/Routine1 任务与程序　　模块　　例行程序 16　PROC Routine1() 17　　MoveJ home, v150, 18　　MoveJ p1, v150, fi 19　　MoveL p2, v150, fi 20　　MoveL p3, v150, fi 21　　MoveL p1, v150, fi 22　　MoveJ home, v150, 23　ENDPROC 24　PROC Routine2() 25　　＜SMT＞ PP 移至 Main　PP 移至光标 PP 移至例行程序…　光标移至 PP 光标移至 MP　移至位置 调用例行程序…　取消调用例行程序 查看值　检查程序 查看系统数据　搜索例行程序 添加指令　编辑　调试　修改位置　隐藏声明 手动操纵　T_ROB1 Project	第 3 步：光标移动到 Routine1 程序的第一行，将工业机器人使能上电，单击"单步调试"按钮，逐条调试程序，重点查看工业机器人位置是否合适
手动 LAPTOP-0B7FNJMD　**电机开启** 己停止（速度 100%） T_ROB1 内的＜未命名程序＞/Project/Routine1 任务与程序　　模块　　例行程序 16　PROC Routine1() 17　　MoveJ home, v150, 18　　MoveJ p1, v150, fi 19　　MoveL p2, v150, fi 20　　MoveL p3, v150, fi 21　　MoveL p1, v150, fi 22　　MoveJ home, v150, 23　ENDPROC 24　PROC Routine2() 25　　＜SMT＞ PP 移至 Main　PP 移至光标 PP 移至例行程序…　光标移至 PP 光标移至 MP　移至位置 调用例行程序…　取消调用例行程序 查看值　检查程序 查看系统数据　搜索例行程序 添加指令　编辑　调试　修改位置　隐藏声明 手动操纵　T_ROB1 Project	第 4 步：如果想对某一条程序进行调试，可以先将需要调试的程序选中，然后在"调试"菜单下选择"PP 移至光标"，以调试第 2 条程序为例，此功能只能将 PP 在同一个例行程序中跳转。如要将 PP 移至其他例行程序，可使用"PP 移至例行程序"功能

3. 程序自动运行

在手动调试没有发现任何问题的情况下，就可以让工业机器人程序自动运行，其步骤见表 3.11。

表 3.11　程序自动运行步骤

	第 1 步：将工业机器人控制柜调整到"自动"模式
	第 2 步：先单击"确认"，再单击"确定"，完成状态切换
	第 3 步：在弹出的界面中选择"PP 移至 main"，并单击"是"按钮

	第 4 步：此时光标跳转到主程序第一行，按下控制柜上白色确认按钮，工业机器人程序开始自动运行
	第 5 步：自动运行时的速度调整，可以通过示教器的快捷菜单进行，通过"+"和"-"按钮调整

3.3.2 循迹模块编程

1. 程序设计

根据工业机器人运动轨迹编写工业机器人程序时，首先要根据控制要求绘制工业机器人程序流程图，然后编写工业机器人主程序和子程序。子程序主要包括等边三角形子程序、方形子程序、圆形子程序和五角星子程序等。编写子程序前要先设计好工业机器人的运行轨迹并定义好机器人的程序点。根据控制功能，设计工业机器人程序流程图，如图 3.11 所示。

2. 循迹模块路径规划

针对图 3.10 中各图像的轨迹点，循迹模块需要示教的点见表 3.12。

表 3.12 循迹模块需要示教的点

序 号	点 序 号	注 释	备 注
1	xunji_home	工业机器人循迹初始位置	需示教
2	xunji_1～xunji_3	等边三角形轨迹点	需示教
3	xunji_4～xunji_7	方形轨迹点	需示教
4	xunji_8～xunji_12	五角星轨迹点	需示教
5	xunji_13～xunji_16	圆形轨迹点	需示教
6	xunji_17～xunji_20	"J"轨迹点	需示教
7	xunji_21～xunji_27	"S"轨迹点	需示教
8	xunji_28～xunji_33	"H"轨迹点	需示教
9	xunji_34～xunji_41	"B"轨迹点	需示教

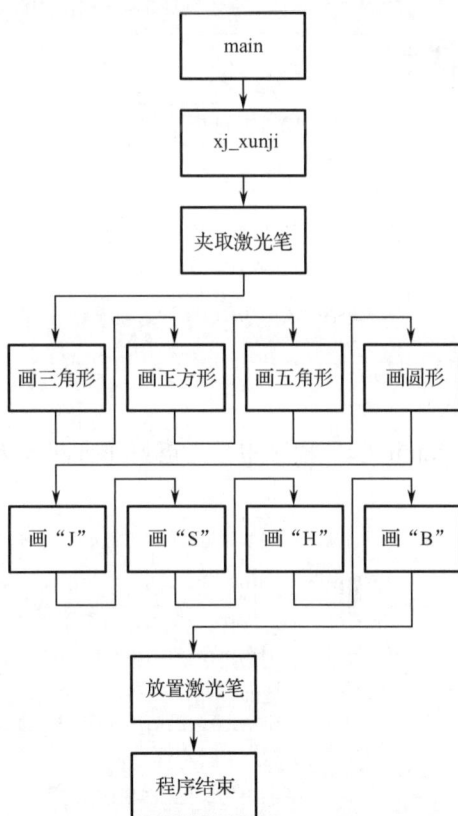

图 3.11 工业机器人程序流程图

3. 程序编写

根据工作任务的要求和程序流程图，建立相应的程序模块和例行程序。循迹单元的例行程序由一个主程序（main）和若干子程序组成，子程序为"xj_xunji""xj_sanjiaoxing""xj_zhengfangxing""xj_wujiaoxing""xj_yuanxing""xj_j""xj_s""xj_h""xj_b"，循迹模块程序如图 3.12 所示。

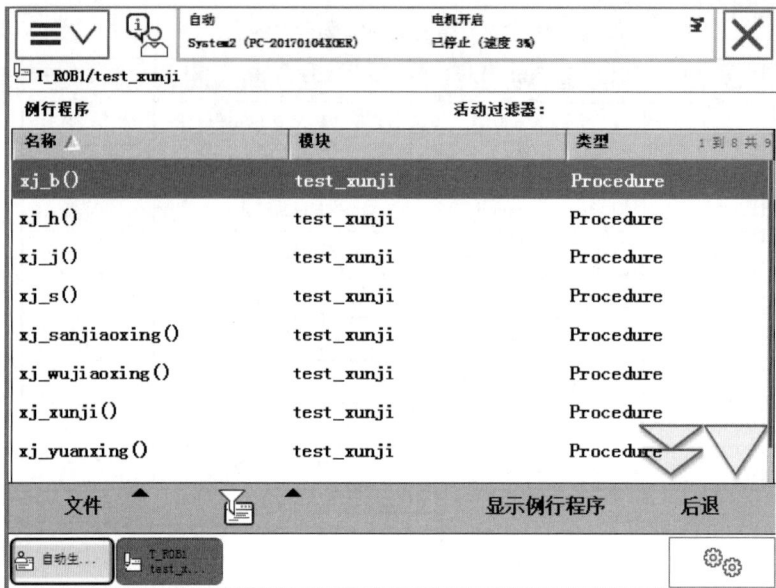

图 3.12 循迹模块程序

（1）主程序编写。

编写主程序，在"main( )"程序中，只需调用"xj_xunji( )"子程序即可，具体程序如下：

```
PROC main()
xj_xunij;                //调用"xj_xunji"子程序;
ENDPROC
```

（2）循迹程序编写。

编写循迹程序，在"xj_xunji（ ）"程序中，考虑好工业机器人的运动过程，调用各个子程序，具体程序如下：

```
PROC xj_xunji()
jiguangbi_qu;            //调用"jiguangbi_qu"子程序，夹取激光笔;
xj_sanjiaoxing;          //调用"xj_sanjiaoxing"子程序，画三角形;
xj_zhengfangxing;        //调用"xj_zhengfangxing"子程序，画正方形;
xj_wujiaoxing;           //调用"xj_wujiaoxing"子程序，画五角星;
xj_yuanxing;             //调用"xj_yuanxing"子程序，画圆形;
xj_j;                    //调用"xj_j"子程序，画字母"J";
xj_s;                    //调用"xj_s"子程序画字母"S";
xj_h;                    //调用"xj_h"子程序画字母"H";
xj_b;                    //调用"xj_b"子程序画字母"B";
jiguangbi_fang;          //调用"jiguangbi_fang"子程序，放置激光笔;
ENDPROC
```

（3）以圆形程序编写为例。

编写圆形程序，按照工业机器人运动示教点上的顺序编写程序，圆形参考程序见表 3.13。

表 3.13   圆形参考程序

PROC xj_yuanxing( )	
MoveJ xunji_home,v150,z50,tool0;	//回到 home 点
MoveJ xunji_13,v150,z0,tool0;	//运动到圆形第 1 个点
MoveC xunji_14, xunji_15,v150,z0,tool0;	//运动到循迹圆形第 1 道圆弧（半个圆）
MoveC xunji_16, xunji_13, v150, z0, tool0;	//运动到循迹圆形第 2 道圆弧（半个圆），圆形循迹完成
MoveJ xunji_home, v150, z50, tool0;	//工业机器人回到 home 点
ENDPROC	

在编写工业机器人程序时，可以通过 ProcCall 指令在指定的位置调用例行程序。如图 3.13 所示，分别使用 ProcCall 指令调用当前主程序 main 和例行程序 Routine1。

图 3.13   ProcCall 指令的使用

💡 小知识：ProcCall 指令用于调用无返回值例行程序。通过 ProcCall 指令将程序指针移至对应的例行程序并开始执行，执行完例行程序，程序指针返回到调用位置，执行后续指令。

总   结

本项目主要介绍了工业机器人 RAPID 程序结构、程序模块、例行程序的建立方法及工业机器人运动指令的使用方法。重点训练学生熟练运用工业机器人运动指令 MoveJ、MoveL、MoveC 和 MoveAbsJ 进行编程，提高编程效率。

思政园地

科技强国——中国空间站机械臂

扫一扫看微课视频：中国空间站机械臂

空间站机械臂是我国第一条大型、预备长期在轨运行的机械臂，由 7 个关节、2 根臂杆、2 套延长件、2 套末端执行器及相机、1 套中央控制器及肘部相机组成，按照 3+1+3 构

型形成完整机械臂。空间站机械臂本身就是一个高智能机器人，它具有明亮的眼睛——视觉系统，具有触觉神经——末端执行器的许多传感器，具有头部和尾部——末端执行器，还具有灵活的关节。机械臂拥有精确的操作能力和视觉识别能力，既具有自主分析能力，也可以由航天员进行遥控。

习题3

扫一扫看习题3参考答案

一、单选题

1. 直线运动指令是工业机器人示教编程时常用的运动指令，编写程序时需通过示教或输入来确定工业机器人末端控制点移动的起点和（　　）。

　　A. 运动方向　　　　　　B. 终点　　　　　　　　C. 移动速度　　　　　　D. 直线距离

2. 使用关节运动时，程序命令为（　　）。

　　A. MoveC　　　　　　　B. MoveJ　　　　　　　C. MoveL　　　　　　　D. MoveAbsJ

3. 使用直线运动时，程序命令为（　　）。

　　A. MoveC　　　　　　　B. MoveJ　　　　　　　C. MoveL　　　　　　　D. MoveAbsJ

4. 使用圆弧运动时，程序命令为（　　）。

　　A. MoveC　　　　　　　B. MoveJ　　　　　　　C. MoveL　　　　　　　D. MoveAbsJ

5. 使用绝对关节运动时，程序命令为（　　）。

　　A. MoveC　　　　　　　B. MoveJ　　　　　　　C. MoveL　　　　　　　D. MoveAbsJ

6. 运动指令中的Z50指的是（　　）。

　　A. 运动方式　　　　　　B. 速度数据　　　　　　C. 转弯半径数据　　　　D. 工具数据

7. 运动指令中的v100指的是（　　）。

　　A. 运动方式　　　　　　B. 速度数据　　　　　　C. 区域数据　　　　　　D. 工具数据

8. 运动指令中的tool0指的是（　　）。

　　A. 运动方式　　　　　　B. 速度数据　　　　　　C. 区域数据　　　　　　D. 工具数据

9. 运动指令中的wobj0指的是（　　）。

　　A. 运动方式　　　　　　B. 速度数据　　　　　　C. 工件数据　　　　　　D. 工具数据

10. 现有一条圆弧指令"MoveC p1，p2，v500，z30，tool2"，其中p1指的是（　　）。

　　A. 圆弧的起点　　　　B. 圆弧的中间点　　　　C. 圆弧的终点　　　　D. 圆弧的圆心

11. 现有一条圆弧指令"MoveC p1，p2，v500，z30，tool2"，其中p2指的是（　　）。

　　A. 圆弧的起点　　　　B. 圆弧的中间点　　　　C. 圆弧的终点　　　　D. 圆弧的圆心

12. 工业机器人编程中有且只能有一个的是（　　）。

　　A. 程序模块　　　　　　B. 例行程序　　　　　　C. 功能指令　　　　　　D. 主程序

13. 工业机器人行走轨迹是由示教点决定的，一段圆弧至少需要示教（　　）点。

　　A. 2　　　　　　　　　　B. 3　　　　　　　　　　C. 4　　　　　　　　　　D. 5

14. 使用圆弧运动指令在做圆弧运动时一般不超过240°，所以一个完整的圆通常需要

（ ）条圆弧指令来完成。

A．1　　　　　　　B．2　　　　　　　C．3　　　　　　　D．4

15．编程时，在语句前加上（　　　），则整条语句作为注释行，不被程序执行。

A．!　　　　　　　B．#　　　　　　　C．*　　　　　　　D．**

16．MoveAbsJ 指令的参数"\NoEoffs"表示（　　　）。

A．外轴的角度数据　　　　　　　　　B．外轴不带偏移数据

C．外轴带偏移数据　　　　　　　　　D．外轴的位置数据

17．工业机器人示教点的数据类型是（　　　）。

A．tooldata　　　　　B．string　　　　　C．robtarget　　　　　D．singdata

二、判断题

1．利用示教编程方法编写工业机器人程序时，一般需完成程序名编写、程序编写、程序修改、程序单步调试，然后才能进行自动运行。（　　　）

2．工业机器人示教程序调试过程中，为缩短调试的时间，往往需提高程序单步时工业机器人的运动速度，因此采用工业机器人的最大速度来执行单步程序。（　　　）

3．使用 MoveJ 指令时工业机器人移动的路径是直线。（　　　）

4．使用圆弧运动指令进行圆弧运动时，一条圆弧指令运动的弧度不能超过 240°。（　　　）

5．使用 MoveC 指令完成一个完整的圆周运动需要三条指令。（　　　）

6．添加运动指令后通过新建位置数据（robtarget），能够记录工业机器人当前的位置。（　　　）

7．例行程序可以进行复制、粘贴、重命名操作。（　　　）

8．程序中的指令可以进行复制、粘贴、重命名操作。（　　　）

9．创建的程序中必须有且只能有一个主程序 Main。（　　　）

10．编辑程序时可以选取多行连续的指令。（　　　）

11．在保证工业机器人运行轨迹安全的前提下，应尽量减少中间过渡点的选取，删除没有必要的过渡点，这样工业机器人的速度才能提高。（　　　）

12．工业机器人编程中常用于工业机器人空间大范围运动的指令是关节运动指令。（　　　）

13．关节运动指令可使工业机器人 TCP 从一点运动到另一点，但运动轨迹不一定为直线。（　　　）

14．程序数据只能在示教器中的程序数据窗口中建立，不能在建立程序指令时自动生成对应的程序数据。（　　　）

15．不同模块间的例行程序根据其定义的范围可互相调用。（　　　）

16．机器人轨迹泛指工业机器人在运动过程中的运动轨迹，即运动点的位移、速度和加速度。（　　　）

17．指令 MoveAbsJ 是绝对关节运动，工业机器人每轴将以最小的角度运行到指定的轴位置。（　　　）

18．指令 MoveL p10，v100，z50，tool0；所使用的工件坐标系为 Wobj0。（　　　）

三、多选题

1. 使用示教器自动运行已经编写的程序时，其一般操作步骤包括（   ）。

A. 程序选择　　　　B. 切换自动模式　　　C. 伺服上电　　　　D. 启动运行

2. 工业机器人的控制方式分为（   ）。

A. 点对点控制　　　B. 点到点控制　　　　C. 连续轨迹控制　　D. 点位控制

3. 将工业机器人切换到自动模式下运行，下列操作中（   ）不可实现。

A. 编辑程序　　　　B. 切换坐标系　　　　C. 更改速度　　　　D. 查看系统参数

4. 示教器编程时的基本运动指令包括（   ）。

A. 关节运动指令　　B. 插补运动指令　　　C. 直线运动指令　　D. 圆弧运动指令

5. 可以对运动指令中的位置数据进行（   ）操作。

A. 复制　　　　　　B. 粘贴　　　　　　　C. 新建　　　　　　D. 修改位置

6. RAPID 语言的三层结构是（   ）。

A. 任务　　　　　　B. 模块　　　　　　　C. 例行程序　　　　D. 功能指令

7. 在例行程序列表中可以对程序进行（   ）操作。

A. 重命名　　　　　B. 复制　　　　　　　C. 移动　　　　　　D. 更改声明

8. 例行程序有（   ）。

A. 程序　　　　　　B. 功能　　　　　　　C. 中断　　　　　　D. 系统

9. 模块包括（   ）。

A. 系统模块　　　　B. 功能模块　　　　　C. 程序模块　　　　D. 指令模块

10. 以下工业机器人的运动方式可控的是（   ）。

A. 关节运动　　　　B. 线性运动　　　　　C. 圆弧运动　　　　D. 绝对位置运动

项目报告 3

班级		姓名		学号			
指导教师			时　间		年　　月　　日		
课程名称							
项目 3			循迹模块编程与操作				
学习目标	 掌握工业机器人程序的结构与建立方法，掌握运动指令的运动特点、格式及使用，独立完成循迹模块的程序编写与调试。						
注意事项	1. 在教师的指导下完成实训任务。 2. 实训过程中不要乱改参数。 3. 工业机器人运行过程中，禁止碰触工业机器人。 4. 工业机器人手动操作时尽量降低运行速度。 5. 在运行线性模式时，4 轴与 5 轴不要在一条直线上，否则工业机器人会出现奇异点。 6. 工业机器人运动异常时，应及时按下急停开关。						
学习任务	任务 1：完成循迹模块中 4 个图形的循迹程序的编写及运行操作 1. 图形程序指令的编辑。 2. 图形程序目标点的示教。 3. 图形程序的运行调试。						

学习任务	任务2：完成循迹模块中4个字母的循迹程序的编写及运行操作	
	1. 字母程序指令的编辑。	
	2. 字母程序目标点的示教。	
	3. 字母程序的运行调试。	
	任务3：完成自定义图案的循迹程序的编写及运行操作	
	1. 自定义图案程序指令的编辑。	
	2. 自定义图案程序目标点的示教。	
	3. 自定义图案程序的运行调试。	
学习心得		

项目评价 3

项目 3 循迹模块编程与操作			
基本素养（30 分）			
序号	内容	自评	互评	师评
1	纪律（10 分）			
2	安全操作（10 分）			
3	交流沟通（5 分）			
4	团队协作（5 分）			
理论知识（30 分）			
序号	内容	自评	互评	师评
1	例行程序的建立（6 分）			
2	MoveJ 指令的应用（6 分）			
3	MoveL 指令的应用（6 分）			
4	MoveC 指令的应用（6 分）			
5	MoveAbsJ 指令的应用（6 分）			
操作技能（40 分）			
序号	内容	自评	互评	师评
1	完成 4 个图形的循迹程序的编写及运行操作（15 分）			
2	完成 4 个字母的循迹程序的编写及运行操作（15 分）			
3	完成自定义图案的循迹程序的编写及运行操作（10 分）			

项目 4

绘图模块编程与操作

项目分析

在焊接领域，采用自动化焊接即工业机器人焊接提高生产率和产品质量已是大势所趋。采用机器人进行焊接作业可以极大地提高生产效率和经济效益，如图 4.1 所示。工业机器人在焊接过程中，需要对工具（焊枪）的特性进行描述，即工具的位置、方向中心点（TCP）和负载等。在学习过程中，可以用绘图工具在操作平台上通过绘图的方式来模拟工业机器人的焊接过程，如图 4.2 所示。

图 4.1　焊接工业机器人

图 4.2　工业机器人绘图

学习目标

知识目标

● 理解工具坐标系的概念和使用方法。
● 理解工件坐标系的概念和使用方法。
● 理解有效载荷数据的概念和使用方法。

● 熟练使用工业机器人指令完成程序的编辑及运行。

能力目标

● 学会使用示教器创建工具坐标系。
● 学会使用示教器创建工件坐标系。
● 学会使用示教器创建有效载荷数据。
● 熟练应用工业机器人指令编辑程序。

素质目标

● 培养学生良好的职业素养和安全生产意识。
● 培养学生良好的沟通能力和团队合作精神。
● 培养学生严谨的工作态度和精益求精的工匠精神。

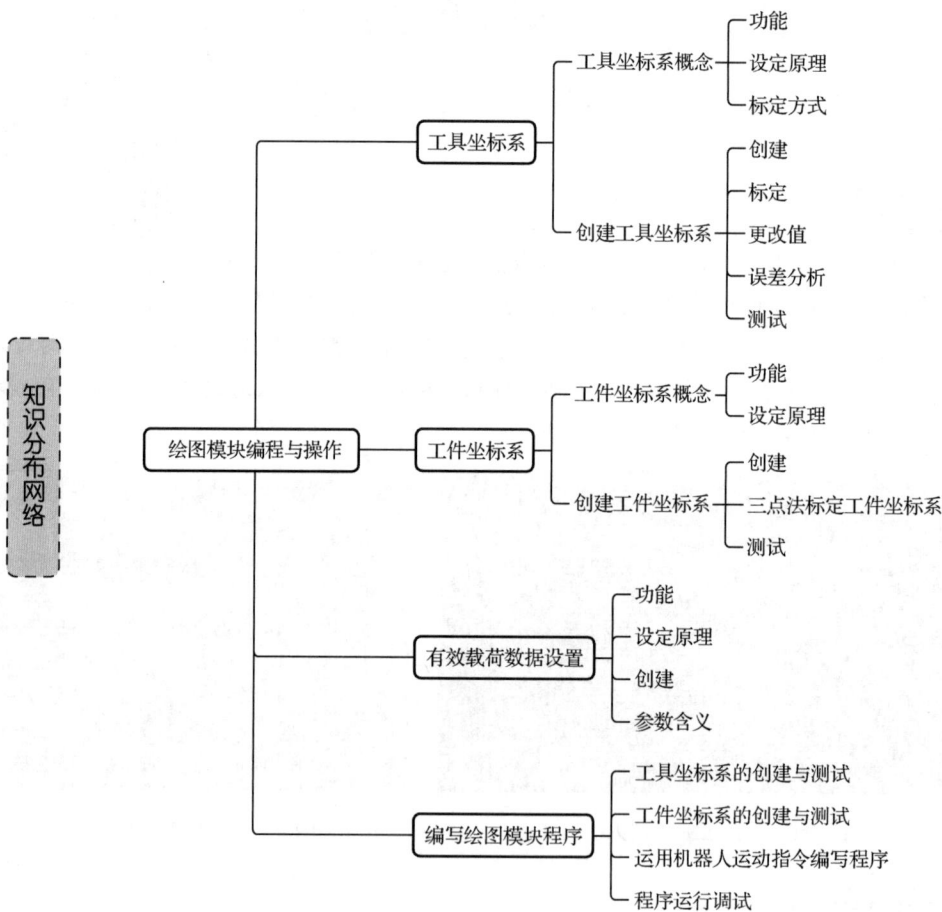

```
                                                  ┌─ 功能
                              ┌─ 工具坐标系概念 ──┼─ 设定原理
                              │                   └─ 标定方式
                ┌─ 工具坐标系 ┤                   ┌─ 创建
                │             │                   ├─ 标定
                │             └─ 创建工具坐标系 ──┼─ 更改值
                │                                 ├─ 误差分析
知               │                                 └─ 测试
识              │                                 ┌─ 功能
分  绘图模块     │             ┌─ 工件坐标系概念 ──┴─ 设定原理
布  编程与操作 ─┼─ 工件坐标系 ┤                   ┌─ 创建
网               │             └─ 创建工件坐标系 ──┼─ 三点法标定工件坐标系
络               │                                 └─ 测试
                │                                 ┌─ 功能
                │                                 ├─ 设定原理
                ├─ 有效载荷数据设置 ──────────────┼─ 创建
                │                                 └─ 参数含义
                │                                 ┌─ 工具坐标系的创建与测试
                │                                 ├─ 工件坐标系的创建与测试
                └─ 编写绘图模块程序 ──────────────┼─ 运用机器人运动指令编写程序
                                                  └─ 程序运行调试
```

相关知识

在进行工业机器人现场编程之前，需要构建必要的编程环境，而工具坐标系、工件坐标系和有效载荷数据是必须提前设置的基础性程序参数。

4.1　工具坐标系

4.1.1　工具坐标系概念

扫一扫看工具坐标系的设置教学课件

不同用途的工业机器人一般应安装不同的工具，比如，弧焊的工业机器人就使用弧焊枪作为工具（见图 4.3），而用于搬运板材的工业机器人就会使用吸盘式的夹具作为工具（见图 4.4），这些工具的区别很大。新工具的物理属性，如质量、重心、方向等参数，都必须在使用工具前定义好。这些数据创建后，将被保存在一个多维的程序数据变量中，这就是 tooldata。

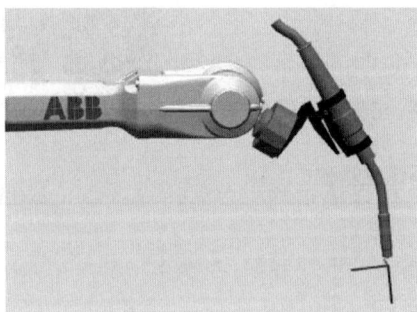

图 4.3　弧焊工业机器人的焊枪工具　　　　图 4.4　搬运工业机器人的吸盘工具

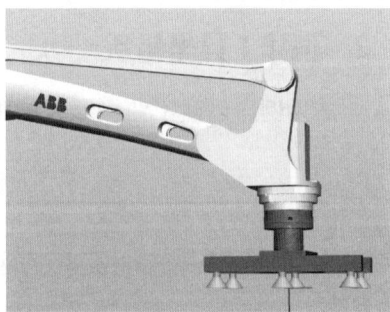

1. 工具坐标系的功能

默认工具 tool0 的工具中心点（Tool Center Point，TCP）位于工业机器人法兰盘中心，图 4.5 所示为工业机器人原始的 TCP 点。

在没有设定相对偏移量的条件下，使用该工具坐标系生成工业机器人轨迹路径时，工具中心点一定会经过路径上的所有目标点位置。但由于工业机器人工具形态各异，默认工具 tool0 并不适用，因此，在实际应用中，需要对所用的 TCP 进行标定，并以此生成相应的工具坐标系。这个过程可以看作将一个或多个新工具坐标系定义为 tool0 的偏移值。在新的工具坐标系生成

图 4.5　工业机器人原始的 TCP 点

后，工业机器人的端点就从法兰盘中心点移动到工具端点，示教时利用控制点不变的操作，可以方便地调整工具姿态，并可使插补运算时的轨迹更精确。

2. 工具坐标系的标定方法

工具坐标系的设定方法有 $N(3{\leqslant}N{\leqslant}9)$点法，TCP 和 Z 法（5 点法）及 TCP 和 Z、X 法（6 点法），下面以 TCP 和 Z、X 法为例，说明工具坐标系的标定方法。

（1）在工业机器人工作范围内找一个非常精确的固定点作为参考点。

（2）在工业机器人已安装的工具上确定一个参考点（最好是工具的中心点）。

（3）手动操纵工业机器人，移动工具上的参考点，工业机器人以 4 种不同的姿态使工

具上的参考点与固定点刚好碰上。前 3 个点的姿态相差要尽量大些，这样有利于 TCP 精度的提高。一般要求第 4 点的姿态要确保工具上的参考点垂直于固定点，第 5 点是工具参考点从固定点向将要设定为 TCP 的 X 方向移动，第 6 点是工具参考点从固定点向将要设定为 TCP 的 Z 方向移动。

（4）工业机器人系统通过这几个位置点的位置数据计算求得工具坐标系的数据，并保存在 tooldata 这个程序数据中被程序调用。

这三种工具坐标系的设定方法区别如下：

4 点法：不改变 tool0 的坐标方向。

5 点法：改变 tool0 的 Z 方向。

6 点法：改变 tool0 的 X 和 Z 方向（在焊接应用中最为常用）。

4.1.2 创建工具坐标系

扫一扫看 6 点法建立工具坐标系微课视频

以 4 点法为例，创建工业机器人的工具坐标系，建立步骤见表 4.1。

表 4.1 工具坐标系建立步骤

	第 1 步：在 ABB 主菜单中，选择"手动操纵"
	第 2 步：在手动操纵界面内，选择"工具坐标"

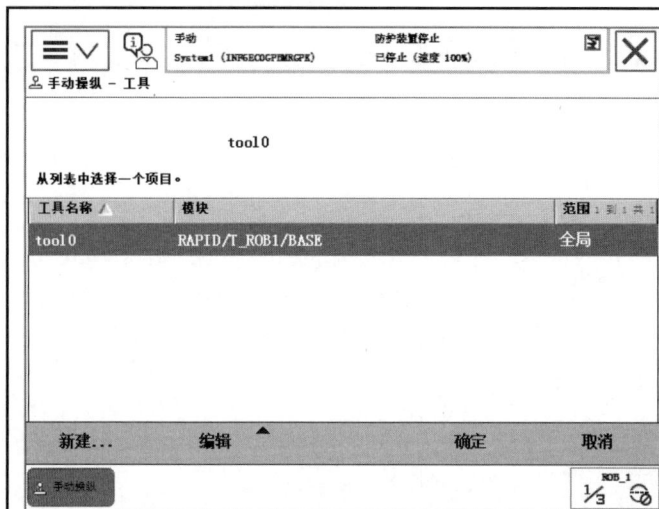

手动　System1 (INP6ECODGPIMRGPK)　防护装置停止　已停止（速度 100%） 手动操纵 - 工具 tool0 从列表中选择一个项目。 工具名称　模块　范围 1 到 1 共 1 tool0　RAPID/T_ROB1/BASE　全局 新建...　编辑　确定　取消 手动操纵　1/3　ROB_1	第 3 步：单击左下角的"新建..."
手动　System1 (INP6ECODGPIMRGPK)　防护装置停止　已停止（速度 100%） 新数据声明 数据类型: tooldata　当前任务: T_ROB1 名称:　tool1　... 范围:　任务　▼ 存储类型:　可变量　▼ 任务:　T_ROB1　▼ 模块:　MainModule　▼ 例行程序:　〈无〉　▼ 维数:　〈无〉　▼　... 初始值　确定　取消 手动操纵　1/3　ROB_1	第 4 步：对工具数据属性进行设定后，单击"确定"按钮
手动　System1 (INP6ECODGPIMRGPK)　防护装置停止　已停止（速度 100%） 手动操纵 - 工具 当前选择:　tool1 从列表中选择一个项目。 工具名称　模块　范围 1 到 2 共 2 tool0　RAPID/T_ROB1/BASE　全局 tool1　RAPID/T_ROB1/MainModule　任务 　　更改值... 　　更改声明... 　　复制 　　删除 　　定义... 新建...　编辑　确定　取消 手动操纵　1/3　ROB_1	第 5 步：选中新建的 tool1 后（或者操作者新建的其他 tooldata 名称），单击"编辑"菜单中的"定义"选项

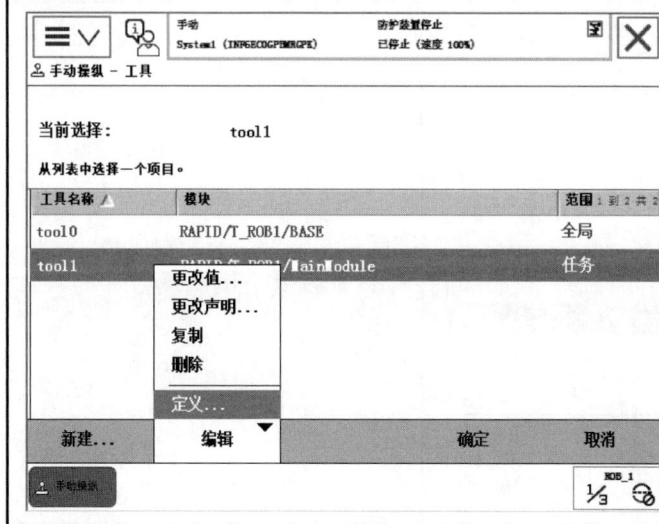

89

第 6 步：采用默认的 4 点法建立工具 TCP。对于类似焊枪这样坐标系与默认工具坐标系角度明显不重合的工具，需要使用"TCP 和 Z"方法来确定位置和姿态

第 7 步：选择合适的手动操纵模式。用摇杆使工业机器人工具参考点靠上固定点，作为第一个点

第8步：选择"点1"，单击"修改位置"，将点1位置记录为当前点位置

	第 9 步：改变工具参考点姿态靠上固定点
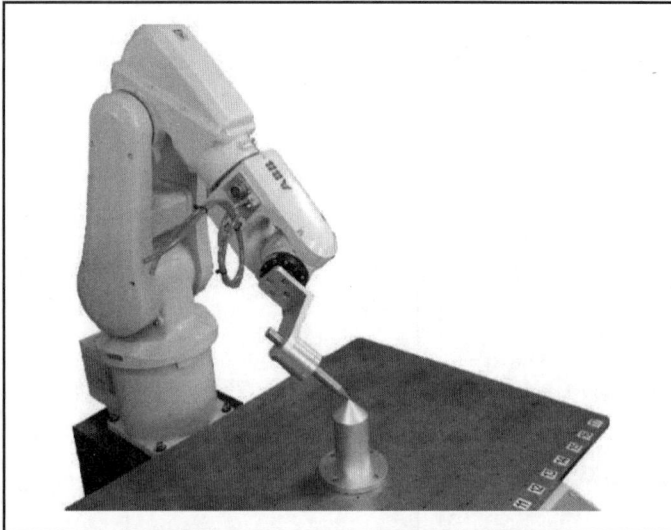	第 10 步：工具点位置确定好后，切换到工具坐标定义界面，单击"修改位置"，将点 2 位置记录下来
	第 11 步：工具参考点变换姿态靠上固定点

	第 12 步：单击"修改位置"，将点 3 位置记录下来
	第 13 步：工具参考点变换姿态靠上固定点。这是第 4 个点，工具参考点垂直于固定点
	第 14 步：单击"修改位置"，将点 4 位置记录下来，并单击"确定"

	第 15 步：一般最大误差小于 1mm 才算合格，单击"确定"，工具坐标建立完成。如果建立失败，通常是各点之间姿态变化幅度过小导致的，需要重新示教位置、再次计算
	第 16 步：选中 tool1，然后打开编辑菜单选择"更改值"选项
	第 17 步：根据实际情况设定工具的质量 mass（单位 kg）和重心位置数据（工具重心基于 tool0 的偏移值，单位 mm），然后单击"确定"按钮

续表

手动 System1 (INPGECDGPIMRGPK)　**防护装置停止** 已停止 (速度 100%) ⚲ 手动操纵 - 工具 当前选择：　　　tool1 从列表中选择一个项目。 工具名称 △　模块　　　　　　　　　　　　范围 1 到 2 共 2 tool0　　　RAPID/T_ROB1/BASE　　　　全局 tool1　　　RAPID/T_ROB1/MainModule　　任务 新建…　　编辑　▲　　　　确定　　　取消 自动生…　程序数据　T_ROB1 MainMo…　程序数据　手动操纵	扫一扫看工具坐标系验证微课视频 第 18 步：选中 tool1，单击"确定"按钮
手动 System1 (INPGECDGPIMRGPK)　**防护装置停止** 已停止 (速度 100%) ⚲ 手动操纵 - 动作模式 当前选择：　　　重定位 选择动作模式。 轴 1 - 3　　轴 4 - 6　　线性　　重定位 　　　　　　　　　　　　确定　　　取消 自动生…　手动操纵	第 19 步：将动作模式选定为"重定位"。坐标系统选定为"工具"。工具坐标选定为"tool1"
	第 20 步：使用摇杆将工具参考点靠上固定点，然后在重定位模式下手动操纵工业机器人，如果 TCP 设定精确的话，可以看到工具参考点与固定点始终保持接触，而工业机器人工具会根据重定位操作改变姿态

　　搬运工业机器人的工具一般有真空吸盘、抓手等。这些工具通常会直接安装在工业机器人法兰盘上。以真空吸盘为例，工具 tooldata 只需要设定工具质量，重心位置默认在 tool0 的 Z 正方向上，TCP 点设定在吸盘的接触面上。构建如图 4.6 所示的质量 20 kg、重心

位置在 tool0 上 Z 正方向 200 mm、TCP 点在 tool0 上 Z 正方向 350 mm 的真空吸盘工具坐标系，步骤见表 4.2。

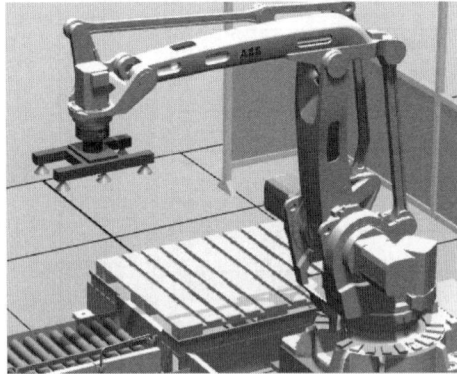

图 4.6　工业机器人真空吸盘工具

表 4.2　在示教器上设定 tooldata 的步骤

	第 1 步：在"手动操纵"界面，选择"工具坐标"选项
	第 2 步：单击左下角的"新建…"

新数据声明 数据类型: tooldata　　　　当前任务: T_ROB1 名称: tool2　　　... 范围: 任务 存储类型: 可变量 任务: T_ROB1 模块: MainModule 例行程序: 〈无〉 维数: 〈无〉 初始值　　　　确定　　　取消 自动生...　手动编辑	第 3 步: 根据需要设定数据的属性，单击"初始值"设置新建坐标数据
编辑 名称: tool2 单击一个字段以编辑值。 名称　　　　　值 robhold := TRUE tframe: [[0,0,0],[1,0,0,0]] trans: [0,0,0] 　x := 0 　y := 0 　z := 350 7 8 9 ← 4 5 6 → 1 2 3 ⌫ 0 +/- . F-E 确定　取消 确定　　取消	第 4 步: TCP 点设定在吸盘的接触面上，从默认 tool0 的 Z 正方向偏移了 350 mm，在此界面中设定对应的数值
编辑 名称: tool2 单击一个字段以编辑值。 名称　　　　值　　　　　数据类型　13 到 18 共 26 tload: [20,[0,0,200],[1,0,0,... loaddata mass := 20 num cog: [0,0,200] pos 　x := 0 num 　y := 0 num 　z := 200 num 确定　　取消	第 5 步: 此工具质量是 20 kg，重心在默认 tool0 的 Z 正方向偏移 200 mm，在界面中设定对应的数值，然后单击"确定"按钮，完成设定

4.2 工件坐标系

扫一扫看工件坐标系的设置教学课件

4.2.1 工件坐标系概念

工件坐标（wobjdata）是工件相对于大地坐标或其他坐标的位置。工业机器人可以拥有若干工件坐标系，或表示不同工件，或表示同一工件在不同位置的若干副本。工业机器人编程时就是在工件坐标中创建目标和路径。

创建工件坐标系的作用主要有两点。

（1）重新定位工作站中的工件时，只需要更改工件坐标的位置，所有路径将即刻随之更新。

（2）允许操作以外轴或传送导轨移动的工件，因为整个工件可连同其路径一起移动。

1. 工件坐标系的功能

如图 4.7 所示，A 是机器人的大地坐标，为了方便编程，给第一个工件建立了一个工件坐标 B，并在这个工件坐标 B 中进行轨迹编程。

如果在工作台上还有一个相同的工件需要相同的轨迹，则只需建立工件坐标 C，将工件坐标 B 中的程序复制一份，然后将工件坐标从 B 更新为 C，不需要重复轨迹编程。如果在工件坐标 B 中对 A 对象进行了轨迹编程，则当工件坐标的位置变化成工件坐标 D 后，只需在原轨迹程序中调用工件坐标 D，工业机器人的轨迹就会自动更新到 C，不需要再次进行轨迹编程了，如图 4.8 所示。

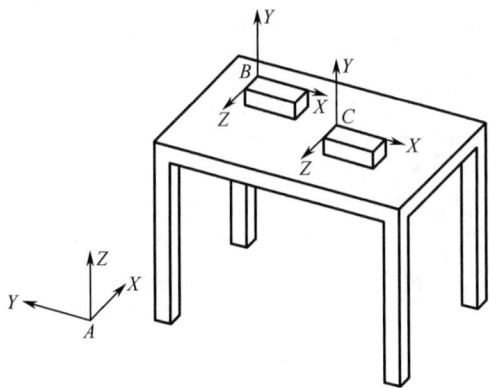

图 4.7 工件坐标系

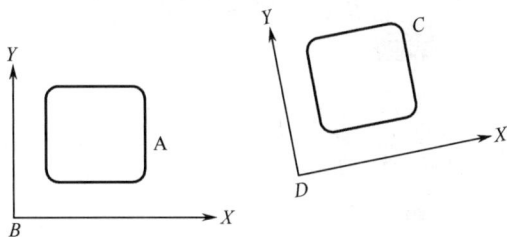

图 4.8 工件坐标系应用

2. 工件坐标系的标定方法

如图 4.9 所示，在对象的平面上，只需要定义 3 个点，就可以建立一个工件坐标系。工业机器人的坐标系符合右手定则，即食指所指的方向为+X 方向时，中指指向+Y 方向，拇指指向+Z 方向，如图 4.10 所示。在标定过程中的方向确定如下：

● X_1 点确定工件坐标的原点；

● X_1、X_2 点确定工件坐标 X 正方向；

● Y_1 确定工件坐标 Y 正方向。

图 4.9　工件坐标系建立

图 4.10　右手迪卡尔坐标系

4.2.2　创建工件坐标系

创建工件坐标系步骤见表 4.3。

扫一扫看建立工件坐标系微课视频

表 4.3　创建工件坐标系步骤

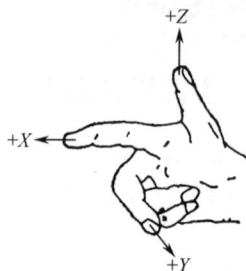	第 1 步：在手动操纵界面中，选择"工件坐标"（工具坐标需要选择当前使用的工具坐标）
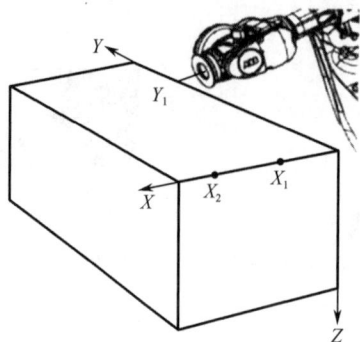	第 2 步：单击左下角"新建…"

新数据声明 数据类型: wobjdata　　　　　当前任务: T_ROB1 名称: wobj1　　... 范围: 任务 ▼ 存储类型: 可变量 ▼ 任务: T_ROB1 ▼ 模块: MainModule ▼ 例行程序: <无> ▼ 维数 <无> ▼　　　　... 初始值　　　　确定　　　取消 手绘模拟　　　　　ROB_1	第 3 步: 对工件坐标数据属性进行设定后,单击"确定"按钮
手动操纵 - 工件 当前选择: wobj1 从列表中选择一个项目。 工件名称　　模块　　　　　　　　　范围 1 到 2 共 2 wobj0　　RAPID/T_ROB1/BASE　　　全局 wobj1　　RAPID/T_ROB1/MainModule　任务 更改值... 更改声明... 复制 删除 定义... 新建...　　编辑 ▼　　　确定　　　取消 手动操纵　　　　ROB_1	第 4 步: 打开编辑菜单,选择"定义"选项
程序数据 - wobjdata - 定义 工件坐标定义 工件坐标: wobj1　　　　　活动工具: tool1 为每个框架选择一种方法,修改位置后单击"确定"。 用户方法: 未更改 ▲　　目标方法: 未更改 ▼ 点　　　未更改　　　状态 　　　3 点 位置 ▲　　　修改位置　　确定　　取消 手动操纵　　　　ROB_1	第 5 步: 将用户方法设定为"3点"

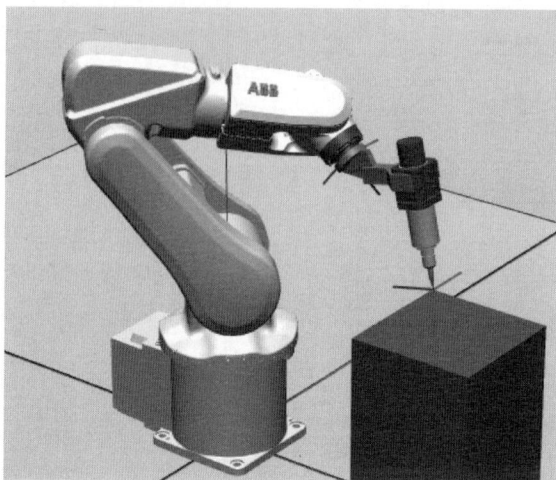

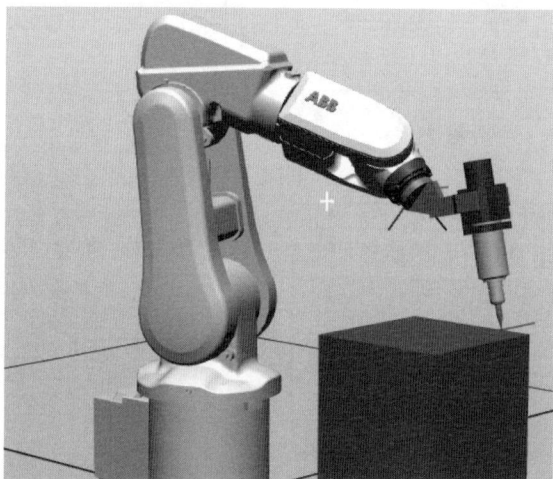

	第 6 步：手动操纵工业机器人的工具参考点靠近定义工件坐标的 X_1 点
	第 7 步：单击"修改位置"，将 X_1 点记录下来
	第 8 步：手动操纵工业机器人的工具参考点靠近定义工件坐标的 X_2 点

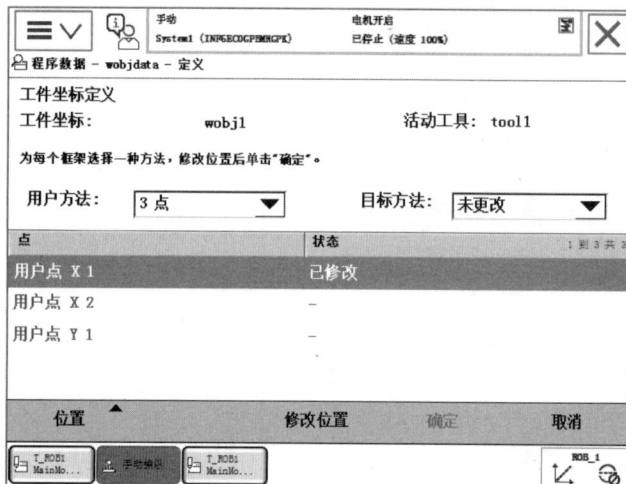

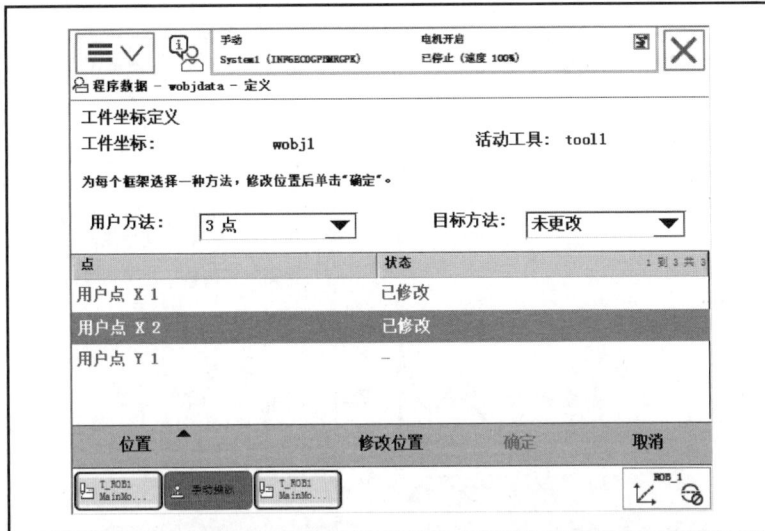

程序数据 - wobjdata - 定义 **工件坐标定义** 工件坐标：　　　wobj1　　　　　　活动工具：tool1 为每个框架选择一种方法，修改位置后单击"确定"。 用户方法：　3 点　　　　　　　目标方法：　未更改 	点	状态	1 到 3 共 3
用户点 X 1	已修改	
用户点 X 2	已修改	
用户点 Y 1	—	| 位置　　　　　　　修改位置　　　确定　　　　取消	第 9 步：单击"修改位置"，将 X_2 点记录下来
	第 10 步：手动操作工业机器人的工具参考点靠近定义工件坐标的 Y_1 点
程序数据 - wobjdata - 定义 **工件坐标定义** 工件坐标：　　　wobj1　　　　　　活动工具：tool1 为每个框架选择一种方法，修改位置后单击"确定"。 用户方法：　3 点　　　　　　　目标方法：　未更改 	点	状态	1 到 3 共 3
用户点 X 1	已修改	
用户点 X 2	已修改	
用户点 Y 1	已修改	| 位置　　　　　　　修改位置　　　确定　　　　取消	第 11 步：单击"修改位置"，将 Y_1 点记录下来，单击"确定"按钮

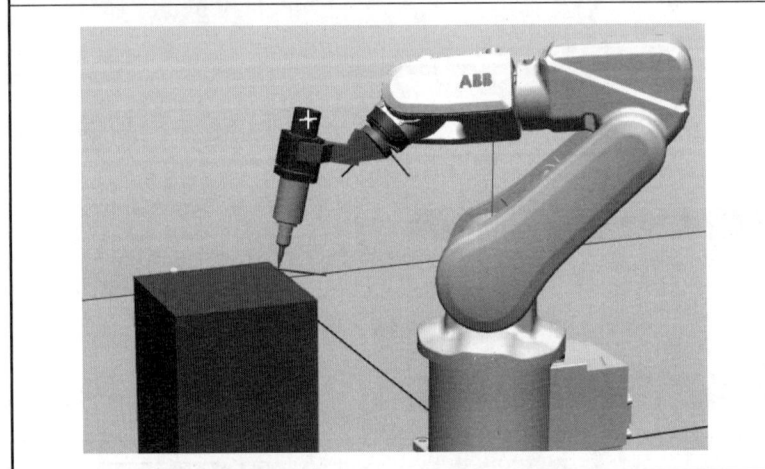

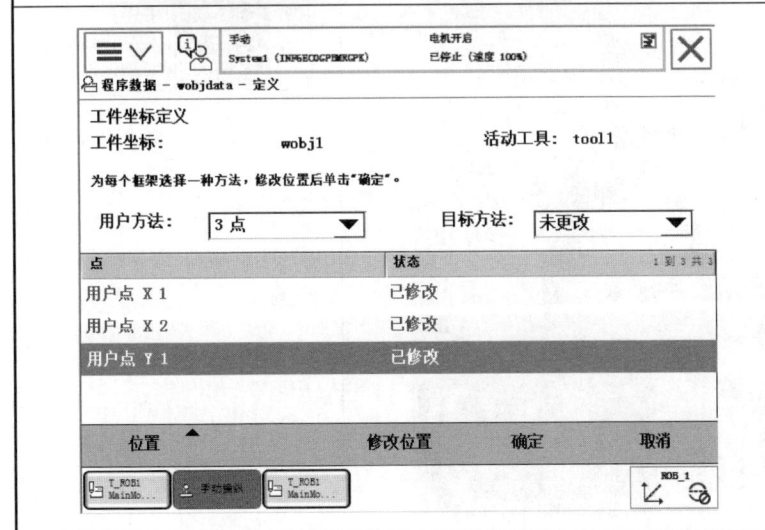

手动 System1 (INP6ECOGPEMRGPK) 电机开启 已停止 (速度 100%) 程序数据 - wobjdata - 定义 - 工件坐标定义 计算结果 工件坐标： wobj1 单击"确定"确认结果，或单击"取消"重新定义源数据。 1 到 6 共 9 用户方法： WobjFrameCalib X: 523.7879 毫米 Y: 298.9128 毫米 Z: 612.6685 毫米 四个一组 1 0.271289765834808 四个一组 2 0.887994289398193 确定 取消 T_ROB1 MainMo... 手动操纵 T_ROB1 MainMo... ROB_1	第 12 步：对自动生成的工件坐标数据进行确认后，单击"确定"按钮
手动操纵 - 工件 当前选择： wobj1 从列表中选择一个项目。 工件名称 / 模块 范围 1 到 2 共 9 wobj0 RAPID/T_ROB1/BASE 全局 wobj1 RAPID/T_ROB1/Module1 任务 新建... 编辑 确定 取消	第 13 步：选中"wobj1"后，单击"确定"按钮
	扫一扫看工件坐标系验证微课视频 第 14 步：在手动操纵界面，使用线性动作模式，测试新建立的工件坐标

4.3　有效载荷数据设置

对于搬运工作的工业机器人，除要正确设置工业机器人夹具的质量和重心等参数外，还需要设置搬运对象的质量和重心数据，即有效载荷数据 loaddata。通俗地讲，有效载荷数据就是定义机器人工具的最大搬运质量，以及该物的重心位置，从而保证工业机器人正常作业，如图 4.11 所示。

设置有效载荷数据的操作步骤见表 4.4，有效载荷参数表见表 4.5。

扫一扫看有效载荷数据设置微课视频

图 4.11　ABB 搬运工业机器人

表 4.4　设置有效载荷数据的操作步骤

操作界面	操作说明
手动　System1 (INP6ECOGPBMRGPK)　防护装置停止　已停止 (速度 100%)　手动操纵　单击属性并更改　机械单元: ROB_1...　绝对精度: Off　动作模式: 线性...　坐标系: 基坐标...　工具坐标: tool1...　工件坐标: wobj1...　有效载荷: load0...　操纵杆锁定: 无...　增量: 无...　位置　坐标中的位置: WorkObject　X: −63.19 mm　Y: 37.65 mm　Z: −50.12 mm　q1: 0.10571　q2: −0.30419　q3: −0.28378　q4: 0.90320　位置格式...　操纵杆方向　X Y Z　对准... 转到... 启动...　手动操纵　ROB_1	第 1 步：在手动操纵界面中，选择"有效载荷"选项
手动　System1 (INP6ECOGPBMRGPK)　防护装置停止　已停止 (速度 100%)　手动操纵 – 有效荷载　当前选择: load0　从列表中选择一个项目。　有效载荷名称　模块　范围 1 到 1 共 1　load0　RAPID/T_ROB1/BASE　全局　新建... 编辑　确定　取消　手动操纵　ROB_1	第 2 步：单击左下角"新建..."

	第 3 步：对有效载荷数据属性进行设定。单击"初始值"项
	第 4 步：对有效载荷数据根据实际的情况进行设定，各参数所代表的含义见表4.5。单击"确定"按钮

表 4.5　有效载荷参数表

名　　称	参　数	单　位
有效载荷质量	load.mass	kg
有效载荷重心	load.cog.x	mm
	load.cog.y	
	load.cog.z	
力矩轴方向	load.aom.q1	—
	load.aom.q2	
	load.aom.q3	
	load.aom.q4	
有效载荷的转动惯量	ix	kg·m^2
	iy	
	iz	

在工业机器人运行程序中，可以根据搬运的具体过程对有效载荷进行实时调整，如图 4.12 所示。

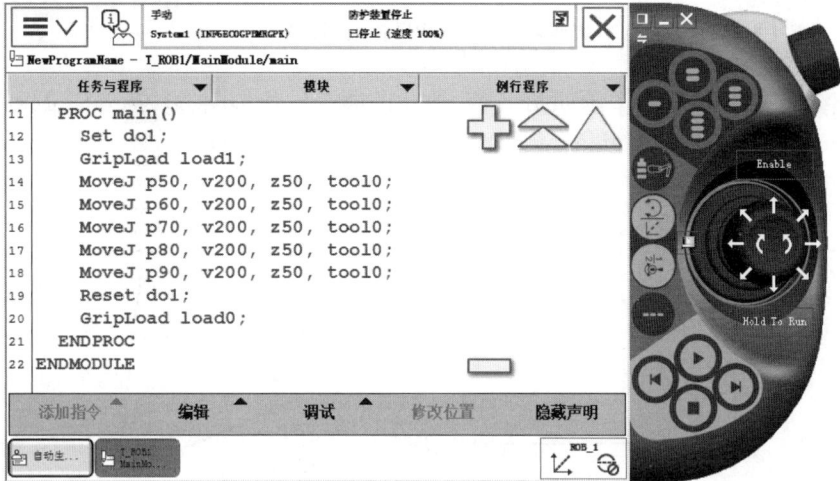

图 4.12　工业机器人搬运程序

对搬运程序的部分内容解释如下：

```
Set do1;                    //夹具夹紧
GripLoad load1;             //指定当前搬运对象的质量和重心 load1
......
Reset do1;                  //夹具松开
GripLoad load0;             //将搬运对象清除为 load0
```

项目实施

4.4　编写绘图模块程序

绘图模块由基座、框架和白纸构成，主要通过编制工业机器人程序让其在白纸上绘制出图形。将绘图模块安装到多功能扩展模块基座上，在框内放置 A3 大小的白纸，如图 4.13 所示。

图 4.13　绘图模块

4.4.1 工具坐标系和工件坐标系的创建与测试

要求在绘图模块 A3 纸上画如图 4.14 所示的两个三角形图形，需要建立绘图笔的工具坐标 huitu_tool、工件坐标系 huitu_wobj1 及工件坐标系 huitu_wobj2。

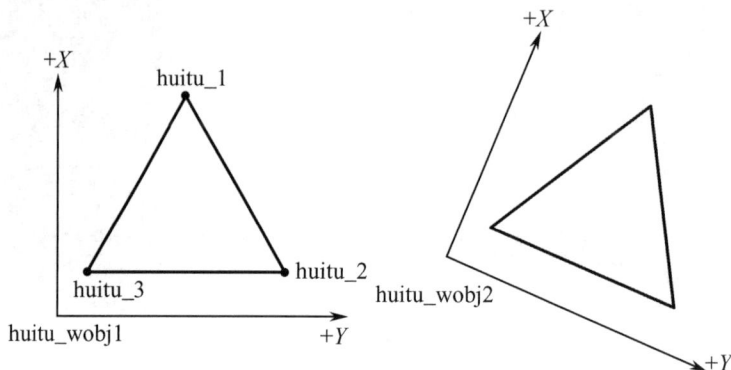

图 4.14 绘制图形

1. 工具坐标系的创建与测试

在手动操作界面选择"工具坐标系"，新建名为"huitu_tool"的工具坐标，完成绘图夹具 TCP 的创建，如图 4.15 所示。工具坐标系的具体创建步骤见表 4.1。

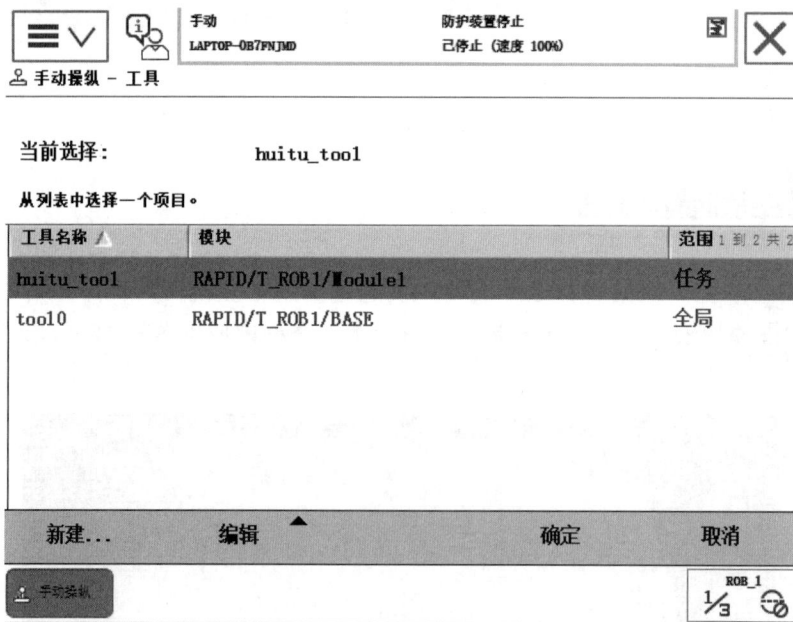

图 4.15 创建工具坐标系

在手动操纵界面，单击功能键区的"线性/重定位切换"按钮，将工业机器人运动模式切换到重定位运动模式，工具坐标系选择新建的工具坐标系"huitu_tool"，如图 4.16 所示。操作操纵杆，改变机器人姿态，查看工具末端点位置是否改变，如果不变，则创建工具坐标系成功。

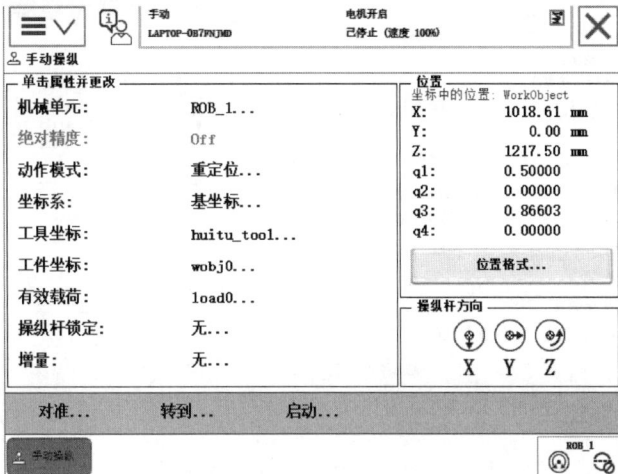

图 4.16　测试工具坐标系

2. 工件坐标系的创建与测试

在手动操作界面选择"工件坐标系"，新建名为"huitu_wobj1"和"huitu_wobj2"的两个工件坐标，完成绘图工件坐标系的创建，如图 4.17 所示。工件坐标系的具体创建步骤见表 4.3。

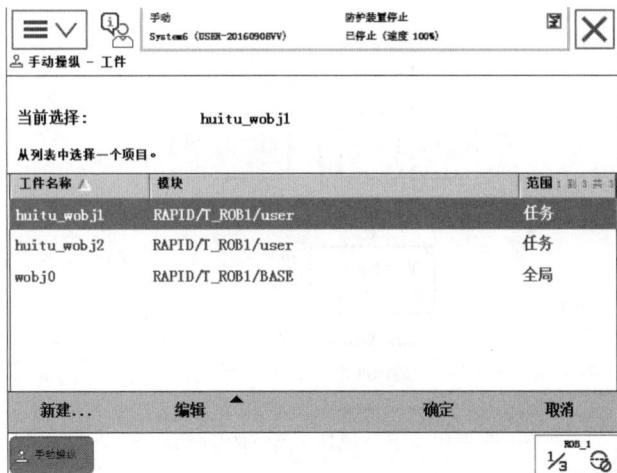

图 4.17　创建工件坐标系

在手动操纵界面，工业机器人运动模式切换到线性运动模式，坐标系选择基坐标系，工件坐标系选择新建的工件坐标系"huitu_wobj1"，如图 4.18 所示。操作操纵杆，改变工业机器人 X 轴、Y 轴、Z 轴的值，查看工业机器人在"huitu_wobj1"的运动轨迹是否与设定方向保持一致。

4.4.2　绘图模块编程

1. 程序流程设计

工业机器人绘图的程序流程设计如图 4.19 所示。

扫一扫看绘图模块程序源代码

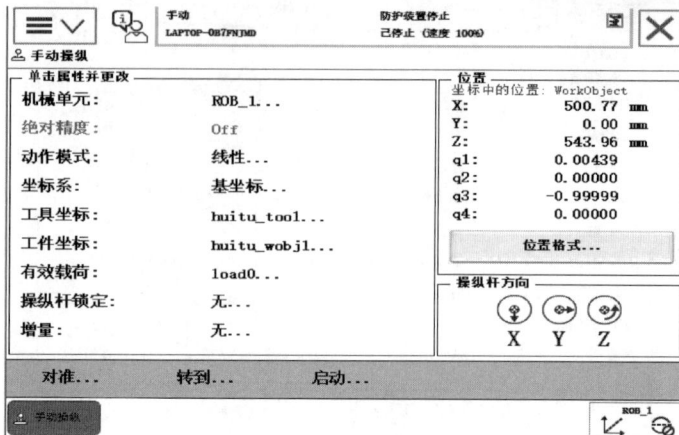

图 4.18　测试工件坐标系

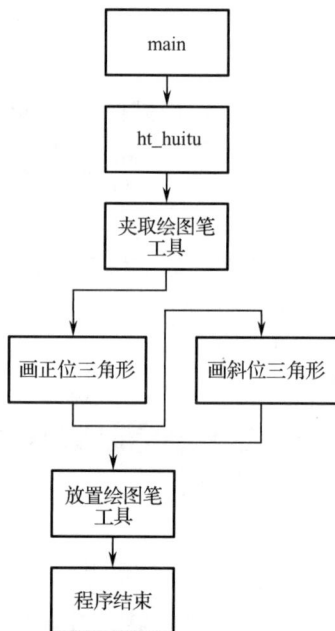

图 4.19　工业机器人绘图程序流程图

2. 工业机器人运动示教点

工业机器人绘图的运动示教点见表 4.6。

表 4.6　工业机器人运动示教点

序　号	点序号	注　释	备　注
1	ht_home	工业机器人绘图初始位置	需示教
2	huitu_tool	绘图笔的 TCP	需建立
3	huitu_wobj1	工件坐标 1	需建立
4	huitu_wobj2	工件坐标 2	需建立
5	huitu_1～huitu_3	三角形轨迹点	需示教

3. 程序编写

（1）程序组成。

根据工作任务的要求和程序流程图，绘图模块的程序由一个主程序（main）和若干子程序组成，分别为"ht_huitu""ht_zhengsanjiaoxing""ht_xiesanjiaoxing"，程序组成如图 4.20 所示。

（2）主程序编写。

主程序编写，在"main（）"程序中，只需调用"ht_huitu（）"子程序即可，具体程序如下。

```
PROC main()
ht_huitu;              //调用"ht_huitu"子程序
ENDPROC
```

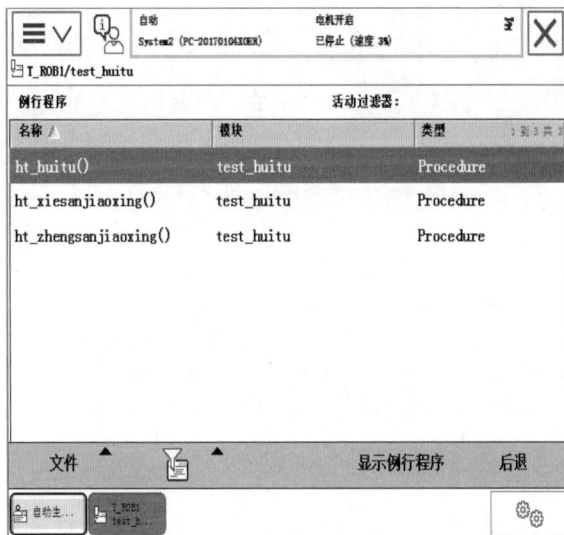

图 4.20　程序组成

（3）绘图程序编写。

在"ht_huitu（）"程序中，考虑好工业机器人的运动过程，调用各个子程序，具体程序如下。

```
PROC ht_huitu()
ht_zhengsanjiaoxing;    //调用"ht_zhengsanjiaoxing"子程序
ht_xiesanjiaoxing;      //调用"ht_xiesanjiaoxing"子程序
ENDPROC
```

（4）画正位三角形程序编写。

正位三角形程序编写，按照工业机器人运动示教点上的顺序编写程序，参考程序如下。

```
PROC ht_zhengsanjiaoxing()
MoveJ huitu_home,v150,z10, jihuitu_tool;          //回到home点
MoveJ huitu_1, v150, z0, jihuitu_tool\WObj:=huitu_wobj1;
```

```
                                                      //运动到正位三角形第 1 个点
       MoveL huitu_2,v150,z0, jihuitu_tool\WObj:=huitu_wobj1;
                                                      //运动到正位三角形第 2 个点
       MoveL huitu_3,v150,z0,jihuitu_tool\WObj:=huitu_wobj1;
                                                      //运动到正位三角形第 3 个点
       MoveJ huitu_1,v150,z0, jihuitu_tool\WObj:=huitu_wobj1;
                                           //运动到正位三角形第 1 个点，正位三角形绘图完成
       MoveJ huitu_home,v150,z10, jihuitu_tool;       //回到 home 点
       ENDPROC
```

（5）画斜位三角形程序编写。

斜位三角形程序编写，只需要将正位三角形程序的工件坐标"huitu_wobj1"改成斜位三角形的工件坐标"huitu_wobj2"，参考程序如下。

```
       PROC ht_xiesanjiaoxing()
       MoveJ huitu_home,v150, z10, jihuitu_tool;      //回到 home 点
       MoveJ huitu_1,v150, z0, jihuitu_tool\WObj:=huitu_wobj2;
                                                      //运动到斜位三角形第 1 个点
       MoveL huitu_2,v150,z0,jihuitu_tool\WObj:=huitu_wobj2;
                                                      //运动到斜位三角形第 2 个点
       MoveL huitu_3,v150,z0,jihuitu_tool\WObj:=huitu_wobj2;
                                                      //运动到斜位三角形第 3 个点
       MoveJ huitu_1,v150,z0,jihuitu_tool\WObj:=huitu_wobj2;
                                           //运动到斜位三角形第 1 个点，斜位三角形绘图完成
       MoveJ huitu_home,v150,z10,jihuitu_tool;        //回到 home 点
       ENDPROC
```

总　结

本项目主要介绍了工具坐标系、工件坐标系和有效载荷数据的概念及使用方法等，重点训练学生具备创建工具坐标系、工件坐标系、有效载荷数据等技能。通过完成绘图模块的编程与操作，有助于学生从应用角度更好地理解 ABB 工业机器人坐标系等基础性程序参数的用途及使用方法。

思政园地

新时代的工匠精神

新时代赋予大国工匠新使命，赋予"工匠精神"新内涵。

新时代的"工匠精神"是爱岗敬业、崇尚劳动的职业精神。爱岗敬业就是干一行、爱一行、钻一行、精一行。热爱本职工作，勤勤恳恳，兢兢业业，勇于创新，甘于奉献，这源于工匠打心底对岗位的"爱"与"敬"，他们坚持一辈子干好一件事，崇尚劳动、积极奉献、主动探索。虽然身处时代和社会的变革之中，会面对不同的职业选择，但他们无论从事何种工作，只有做到爱岗敬业，认认真真地做好遇到的每一件事，前行的道路才会越走越宽，施展才华的舞台也会更加宽广，距离实现自己人生梦想的目标越来越近。

新时代的"工匠精神"是精益求精、追求创新的品质精神。新时代的"工匠精神"是在继承基础上的创新，只有与时俱进、不断追求创新，才能在关键技术领域不再被人卡脖子，使国家走出低端制造形象，淘汰落后产能，真正成为制造业强国。对工作品质的追求只有进行时，没有完成时，一个小失误就有可能导致大失利，给国家和人民带来无法估量的损失，只有力求精益求精、不差分毫、质量至上，不断推动产品的升级换代，才能更好地满足社会发展和人们日益增长的对美好生活的需要。各行各业的无数劳动者在不同的岗位上，用责任担当托起大国重任，用敬业、奉献、创新，诠释着"中国担当"与"中国速度"。

习题4

扫一扫看习题4参考答案

一、填空题

1. 在标定工业机器人夹爪的工具坐标系时，一般使用带有尖点的工具作为（　　）。

2. 使用"TCP（默认方向）"方法计算得到的工具数据不改变默认工具坐标系方向，仅计算工具的（　　）方向偏移数值。

3. （　　）坐标系对应工件，它定义工件相对于大地坐标的位置。

4. 重新定位工作站的工件时，在不重新示教点的情况下，只需要重新标定（　　）坐标系，所有路径将随之更改。

二、单选题

1. （　　）不是工业机器人常用坐标系。

A. 环境坐标系　　　　B. 基坐标系　　　C. 工具坐标系　　　　D. 工件坐标系

2. 重定位操作，一般参考（　　）坐标系。

A 基坐标系　　　　　B. 工件坐标系　C. 工具坐标系　　　　D. 大地坐标系

3. 标定工具坐标系时，若需要重新定义TCP及所有方向，则使用（　　）方法。

A. TCP和默认方向　B. TCP和Z　　C. TCP和Z、X　　　D. TCP和X

4. 三点法创建工件坐标系，其原点位于（　　）。

A. X_1点　　　　　　　　　　　B. Y_1点

C. 在X_1X_2中点　　　　　　　　D. 在X_1X_2连线上的投影点

5. 工件坐标系中的用户框架是相对于（　　）创建的。

A. 基坐标系　　　　　B. 工件坐标系　C. 工具坐标系　　　　D. 大地坐标系

6. 工业机器人的工具数据不包括（　　）。

A. 工具坐标系　　　B. 工具重量　　　C. 工具重心　　　　D. 工具形状

7. 对工业机器人进行编程时，是在（　　）下创建目标和路径的。

A. 大地坐标系　　　B. 基坐标系　　　C. 工件坐标系　　　D. 工具坐标系

8. 通常工业机器人的TCP是指（　　）。

A. 工具中心点　　　B. 法兰中心点　　C. 工件中心点　　　D. 工作台中心点

三、判断题

1. 示教过程中，工具数据可以选择使用tool0。（　　）

2．编写程序时一定需要创建工件坐标系。（　　）

3．编写程序时可以选择使用默认的工件坐标系。（　　）

4．示教工业机器人时主要是对其工具中心点（TCP）的位置进行示教。（　　）

5．进行工具坐标系标定时，4点法和6点法没有区别。（　　）

6．使用3点法进行用户（工件）坐标系标定。（　　）

7．在编辑运动指令之前先要选择正确的工具数据和工件数据。（　　）

8．工业机器人使用吸盘工具进行搬运时，其TCP一般设置在法兰盘中心线与吸盘底面的交点。（　　）

9．工业机器人出厂时默认的工具坐标系原点位于第1轴中心。（　　）

10．TCP点又称工具中心点，是为保证工业机器人程序和位置的重复执行而引入的。（　　）

11．工业机器人的TCP必须定义安装在工业机器人法兰盘的工具上。（　　）

项目报告 4

班级		姓名		学号		
指导教师			时　间		年　月　日	
课程名称						
项目4			绘图模块编程与操作			

学习目标	了解 ABB 工业机器人绘图过程，掌握工业机器人工具坐标和工件坐标的建立方法，完成绘图模块的编写及调试。
注意事项	1. 在教师的指导下进行实训任务。 2. 实训过程中不要乱改参数。 3. 工业机器人运行中，禁止碰触机器人。 4. 工业机器人手动操纵时尽量降低运行速度。 5. 在运行线性模式时，4 轴与 5 轴不要在一条直线上，否则工业机器人会出现奇异点。 6. 工业机器人运动异常时，及时按下急停开关。
学习任务	任务 1：工具坐标系的创建与测试 1. 选择合适的方式创建工具坐标系。 2. 完成工具坐标测试。

	任务2：工件坐标系的创建与测试
学习任务	1. 完成工件坐标系的创建。
	2. 完成工件坐标测试。
	任务3：绘图模块的编程与操作
	1. 正位三角形程序的编写。
	2. 斜位三角形程序的编写。
	3. 绘图模块程序的运行调试。
	任务4：绘制如下图形进行拓展训练

学习心得	

项目评价 4

项目 4　绘图模块编程与操作			
基本素养（30分）			
序号	内容	自评	互评	师评
1	纪律（10分）			
2	安全操作（10分）			
3	交流沟通（5分）			
4	团队协作（5分）			
理论知识（30分）			
序号	内容	自评	互评	师评
1	工具坐标系设定原理（6分）			
2	工具坐标系创建和测试方法（6分）			
3	工件坐标系设定原理（6分）			
4	工件坐标系创建和测试方法（6分）			
5	有效载荷数据的设置（6分）			
操作技能（40分）			
序号	内容	自评	互评	师评
1	工具坐标系的创建与测试（10分）			
2	工件坐标系的创建与测试（10分）			
3	绘图模块的编程与操作（10分）			
4	拓展训练（10分）			

项目 **5**

装配模块编程与操作

扫一扫看
项目 5 教
学课件

项目分析

ABB 工业机器人的装配主要应用在制造业中的汽车及电子电气行业，随着智能制造的
到来，工业机器人装配将应用到更多领域。本项目以完成一组套盒中多个工件的装配为目
标，通过运动指令、I/O 指令完成工件搬运到盒子的过程，装配示意图如图 5.1 所示。

图 5.1　装配模块

学习目标

知识目标

● 了解工业机器人 I/O 通信。
● 掌握配置 I/O 信号的方法。
● 掌握工业机器人 I/O 指令的应用。
● 掌握工业机器人的实际应用编程方法。

能力目标

- 能够熟练使用基础编程指令。
- 能够使用 I/O 指令完成指定的任务。
- 能够运用延时指令对程序进行优化。
- 能够完成工业机器人装配程序的编制。

素质目标

- 培养学生具有安全操作规范意识。
- 培养学生具备严谨的工作态度。

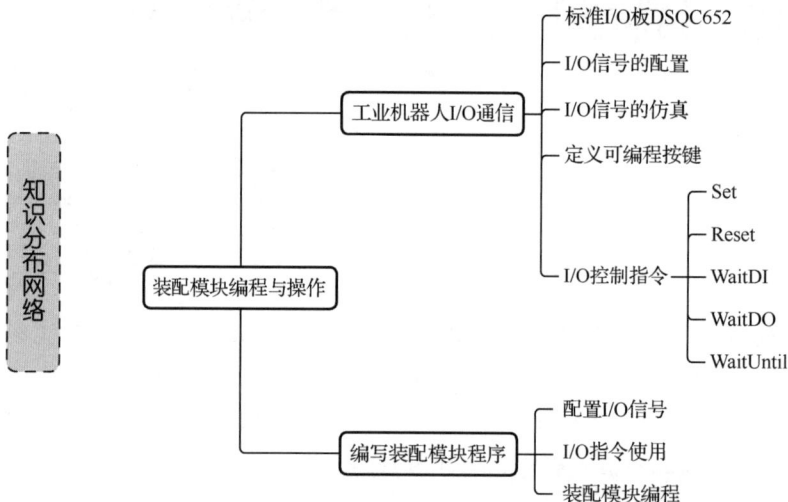

知识分布网络

装配模块编程与操作

- 工业机器人I/O通信
  - 标准I/O板DSQC652
  - I/O信号的配置
  - I/O信号的仿真
  - 定义可编程按键
  - I/O控制指令
    - Set
    - Reset
    - WaitDI
    - WaitDO
    - WaitUntil
- 编写装配模块程序
  - 配置I/O信号
  - I/O指令使用
  - 装配模块编程

相关知识

扫一扫看工业机器人 I/O 通信教学课件

5.1 工业机器人 I/O 通信

I/O 接口是工业机器人与其他设备通信的通道。ABB 标准 I/O 板提供的常用信号处理有数字输入 DI、数字输出 DO、模拟输入 AI、模拟输出 AO 及输送链跟踪。ABB 工业机器人可以选配标准 ABB 的 PLC，省去了与外部 PLC 进行通信设置的麻烦，并且可以在工业机器人的示教器上实现与 PLC 相关的操作。

5.1.1 标准 I/O 板 DSQC652

常用的 ABB 标准 I/O 板有 DSQC651、DSQC652、DSQC653、DSQC355A、DSQC377A 等。这里以 DSQC652 为例，介绍 ABB 标准 I/O 板。DSQC652 主要提供 16 个数字输入信号和 16 个输出信号的处理，如图 5.2 所示。

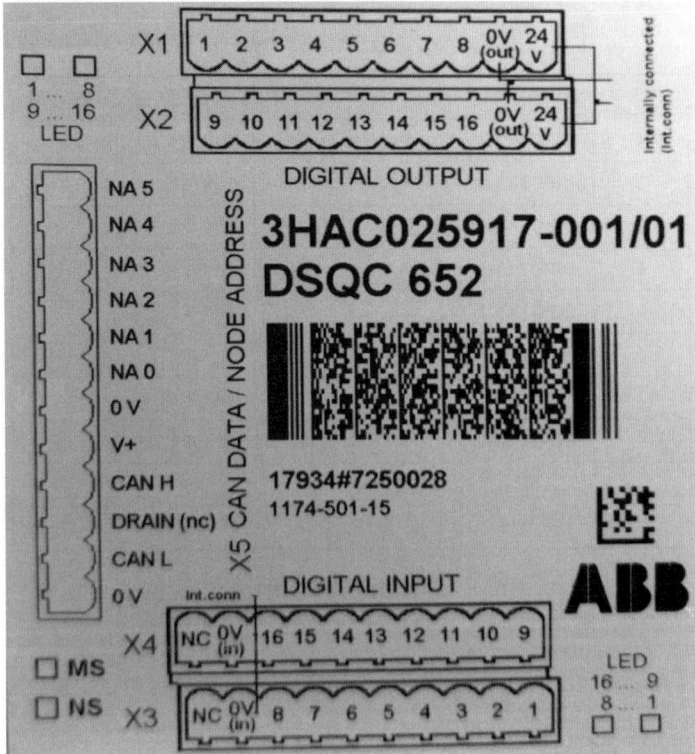

图 5.2　DSQC652 平面图

输出接口定义见表 5.1。

表 5.1　X1、X2 端子定义

X1 端子	使 用 定 义	地　　址	X2 端子	使 用 定 义	地　　址
1	OUTPUT CH1	0	1	OUTPUT CH9	8
2	OUTPUT CH2	1	2	OUTPUT CH10	9
3	OUTPUT CH3	2	3	OUTPUT CH11	10
4	OUTPUT CH4	3	4	OUTPUT CH12	11
5	OUTPUT CH5	4	5	OUTPUT CH13	12
6	OUTPUT CH6	5	6	OUTPUT CH14	13
7	OUTPUT CH7	6	7	OUTPUT CH15	14
8	OUTPUT CH8	7	8	OUTPUT CH16	15
9	0V		9	0V	
10	24V		10	24V	

输入接口定义见表 5.2。

表 5.2　X3、X4 端子定义

X3 端子	使 用 定 义	地　　址	X4 端子	使 用 定 义	地　　址
1	INPUT CH1	0	1	INPUT CH9	8
2	INPUT CH2	1	2	INPUT CH10	9
3	INPUT CH3	2	3	INPUT CH11	10
4	INPUT CH4	3	4	INPUT CH12	11
5	INPUT CH5	4	5	INPUT CH13	12
6	INPUT CH6	5	6	INPUT CH14	13
7	INPUT CH7	6	7	INPUT CH15	14
8	INPUT CH8	7	8	INPUT CH16	15
9	0V		9	0V	
10	未使用		10	未使用	

　　通常信号板在出厂时已配置完成，当用户增加配置时需自定义配置，自定义配置信号板的步骤见表 5.3。

表 5.3　自定义配置信号板步骤

	扫一扫看标准 D652 板配置微课视频 第 1 步：打开主菜单，进入控制面板，单击"配置""配置系统参数"选项
	第 2 步：选择"DeviceNet Device"

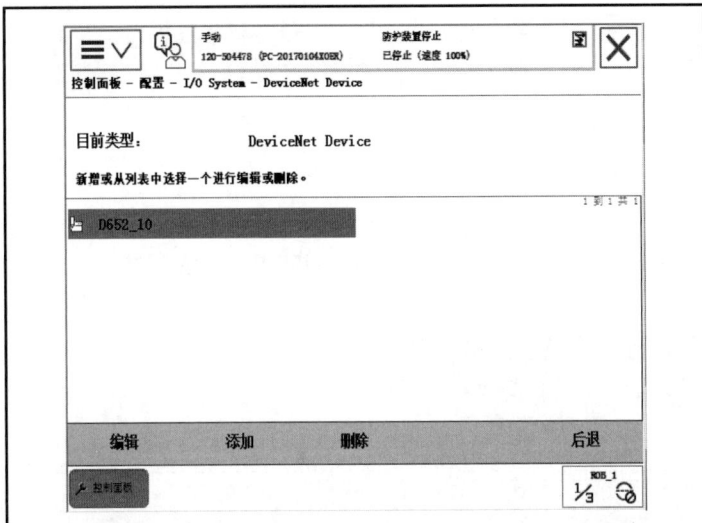

手动　120-504478 (PC-2017010410EX)　防护装置停止　已停止 (速度 100%)　控制面板 – 配置 – I/O System – DeviceNet Device　目前类型：　DeviceNet Device　新增或从列表中选择一个进行编辑或删除。　1 到 1 共 1　D652_10　编辑　添加　删除　后退　控制面板　1/3	第 3 步：当前系统已经添加了 D652 信号板。如果没有或需要额外增加，则单击"添加"按钮
手动　120-504478 (PC-2017010410EX)　防护装置停止　已停止 (速度 100%)　控制面板 – 配置 – I/O System – DeviceNet Device – 添加　新增时必须将所有必要输入项设置为一个值。　双击一个参数以修改。　使用来自模板的值：　〈默认〉　参数名称　值　1 到 5 共 19　Name　d652　Network　DeviceNet　StateWhenStartup　Activated　TrustLevel　DefaultTrustLevel　Simulated　0　确定　取消　控制面板　1/3	第 4 步：给添加的信号板命名
手动　120-504478 (PC-2017010410EX)　防护装置停止　已停止 (速度 100%)　控制面板 – 配置 – I/O System – DeviceNet Device – d652　名称：　d652　双击一个参数以修改。　参数名称　值　2 到 7 共 19　Network　DeviceNet　StateWhenStartup　Activated　TrustLevel　DefaultTrustLevel　Simulated　0　VendorName　ABB Robotics　ProductName　24 VDC Unit　确定　取消　控制面板　1/3	第 5 步：根据硬件型号编辑硬件信息

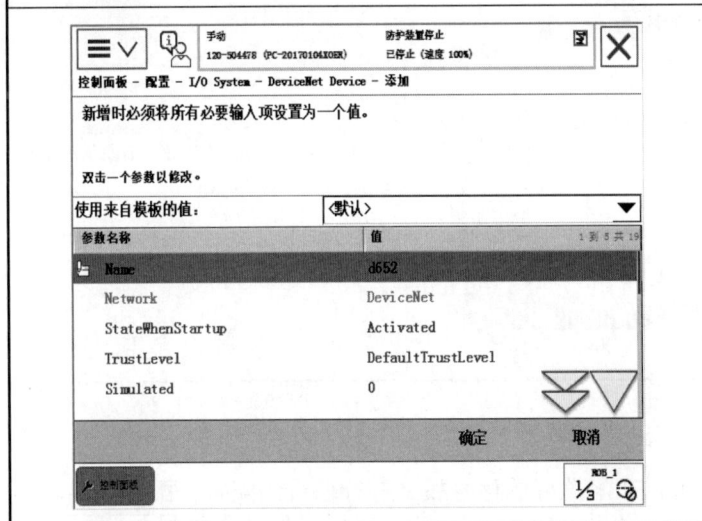

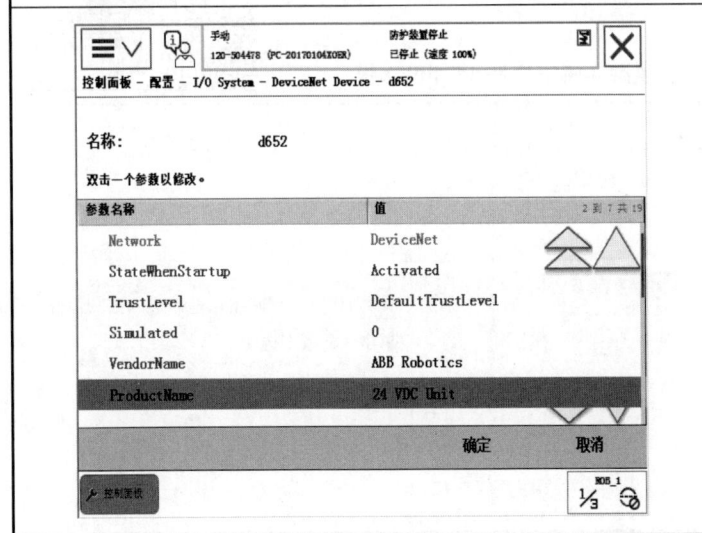

	第 6 步：根据硬件安装的位置填写物理地址，完成后单击"确定"按钮
	第 7 步：信号板添加后，需要重启才能生效，单击"是"按钮

5.1.2　I/O 信号的配置

　　信号板 D652 配置完毕后，就可以在配置好的信号板上进行信号的配置，配置数字输出信号 do_1 的步骤见表 5.4。

扫一扫看数字输出信号配置微课视频

表 5.4　配置数字输出信号 do_1 的步骤

	第 1 步：打开主菜单，进入控制面板，单击"配置"选项

手动 120-504478 (PC-20170104XOEX) 防护装置停止 已停止 (速度 100%) 控制面板 - 配置 - I/O System 每个主题都包含用于配置系统的不同类型。 当前主题:　　　　I/O System 选择您需要查看的主题和实例类型。 1 到 14 共 14	扫一扫看定义 数字输入信号 微课视频

控制面板 - 配置 - I/O System

每个主题都包含用于配置系统的不同类型。

当前主题:　　　　I/O System

选择您需要查看的主题和实例类型。

1 到 14 共 14

Access Level	Cross Connection
Device Trust Level	DeviceNet Command
DeviceNet Device	DeviceNet Internal Device
EtherNet/IP Command	EtherNet/IP Device
Industrial Network	Route
Signal	Signal Safe Level
System Input	System Output

文件　　主题　　　　　　显示全部　　关闭

ROB_1　1/3

第 2 步:选择"Signal",单击"显示全部"

控制面板 - 配置 - I/O System - Signal

目前类型:　　　　Signal

新增或从列表中选择一个进行编辑或删除。

79 到 92 共 103

D652_10_DI16	D652_10_DO1
D652_10_DO2	D652_10_DO3
D652_10_DO4	D652_10_DO5
D652_10_DO6	D652_10_DO7
D652_10_DO8	D652_10_DO9
D652_10_DO10	D652_10_DO11
D652_10_DO12	D652_10_DO13

编辑　　　添加　　　删除　　　　　后退

ROB_1　1/3

第 3 步:单击"添加"按钮

控制面板 - 配置 - I/O System - Signal - 添加

新增时必须将所有必要输入项设置为一个值。

双击一个参数以修改。

参数名称	值
	1 到 6 共 6
Name	do_1
Type of Signal	
Assigned to Device	
Signal Identification Label	
Category	
Access Level	Default

确定　　　取消

ROB_1　1/3

第 4 步:给新添加的信号命名,如 "do_1"

控制面板 – 配置 – I/O System – Signal – 添加 新增时必须将所有必要输入项设置为一个值。 双击一个参数以修改。 **参数名称** / **值** 1 到 6 共 9 Name — do_1 Type of Signal — Digital Output Assigned to Device Signal Identification Label — Digital Input Category — **Digital Output** Access Level — Analog Input Analog Output Group Input Group Output	第 5 步：在 "Type of Signal" 下拉菜单选项中选择 "Digital Output"，信号类型选择数字输出；如果是其他类型，则选择对应类型
控制面板 – 配置 – I/O System – Signal – 添加 新增时必须将所有必要输入项设置为一个值。 双击一个参数以修改。 **参数名称** / **值** 1 到 6 共 10 Name — do_1 Type of Signal — Digital Output Assigned to Device — d652 Signal Identification Label — – 无 – Device Mapping — D652_10 Category — **d652** DN_Internal_Device 确定　取消	第 6 步：信号来源选择，在 "Assigned to Device" 下拉菜单中选择信号对应的硬件
控制面板 – 配置 – I/O System – Signal – 添加 新增时必须将所有必要输入项设置为一个值。 双击一个参数以修改。 **参数名称** / **值** 1 到 6 共 10 Name — do_1 Type of Signal — Digital Output Assigned to Device — d652 Signal Identification Label **Device Mapping** — 0 Category 确定　取消	第 7 步：选择 "Device Mapping"，根据信号的对应地址填写端口号

	第 8 步：参数设定完成后，单击"确定"按钮，根据系统提示重启

5.1.3　I/O 信号的仿真

在进行工业机器人示教器 I/O 编程时，对输入/输出信号进行在线仿真操作，可以快速地验证相关硬件的有效性和编程的正确性。I/O 信号仿真步骤见表 5.5。

扫一扫看数字信号查看与仿真微课视频

表 5.5　I/O 信号仿真步骤

	第 1 步：在主菜单中选择"输入输出"选项
	第 2 步：打开示教器右下角"视图"菜单，选择"数字输出"

	第 3 步：选中需要仿真的输出信号，单击数据栏可以对其数值进行赋值和仿真

5.1.4 定义可编程按键

在图 5.3 所示的示教器中，硬件控制按键最上方有 4 个可编程按键，顺时针排序为按键 1、2、3、4，默认为空值，使用时需要进行配置。在编程与调试时，经常需要对 I/O 进行仿真设置，通过可编程控制按键可快速对 I/O 信号进行仿真，给编程与调试工作提供便利。

图 5.3　示教器上的可编程按键

下面以为可编程按键 1 配置数字输出信号 do1 为例介绍操作步骤，见表 5.6。

表 5.6　定义可编程按键操作步骤

	第 1 步：打开主菜单，进入控制面板，选择"配置可编程按键"

	第2步：选中想要设置的按键，然后在"类型"中，选择"输出"
	第3步：选中"do1" 第4步：在"按下按键"中选择"按下/松开"。也可以根据实际需要选择按键的动作特性 第5步：单击"确定"按钮，完成设定，现在就可以通过可编程按键1在手动状态下对do1进行强制操作
	第6步：打开示教器菜单，选择"输入输出"

续表

	第 7 步：单击右下角"视图"，选择"数字输出"
	第 8 步：用鼠标左键按住所设定按键进行仿真，do1 数值就会显示为"1"，放开鼠标左键后，do1 数值又会变为"0"

扫一扫看 I/O 指令的使用微课视频

5.1.5　I/O 控制指令

I/O 控制指令用于控制 I/O 信号，以达到与工业机器人周边设备进行通信的目的。I/O 信号需要提前在工业机器人示教器控制面板中设置，在程序中才可以进行相应的 I/O 信号调用。图 5.4 表示系统中已经设置了 D652_10_DO1、D652_10_DO2 和 D652_10_DI1 等 I/O 信号。

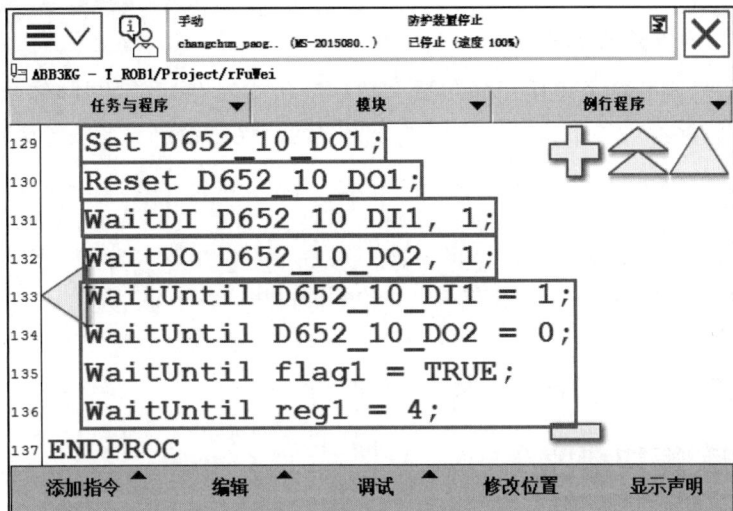

图 5.4　I/O 控制指令调用格式

1. Set 数字信号置位指令

Set 数字信号置位指令用于将数字输出信号（Digital Output）复位为"1"。

```
Set D652_10_DO1;    //将数字输出信号 D652_10_DO1 复位为 1
```

2. Reset 数字信号复位指令

Reset 数字信号复位指令用于将数字输出信号（Digital Output）复位为"0"。

```
Reset D652_10_DO1;  //将数字输出信号 D652_10_DO1 复位为 0
```

如果在 Set、Reset 指令前有运动指令包括 MoveJ、MoveL、MoveC、MoveAbsJ 等的转弯区数据，则必须使用 fine 才可以准确地输出 I/O 信号状态的变化。

3. WaitDI 数字输入信号判断指令

WaitDI 数字输入信号判断指令用于判断数字输入信号的值是否与目标一致。

```
WaitDI D652_10_DI1, 1;  //等待 D652_10_DI1 的值为 1
```

如果 D652_10_DI1 的值为 1，则程序继续往下执行；如果达到最长等待时间 300s，D652_10_DI1 的值仍然不为 1，则工业机器人报警或进入出错处理程序。

> **注意：** 如果在 Set、Reset 指令前有运动指令的转弯区数据，则必须使用 fine。

4. WaitDO 数字输出信号判断指令

WaitDO 数字输出信号判断指令用于判断数字输出信号的值是否与目标一致。

```
WaitDO D652_10_DO2, 1;  //等待 D652_10_DO2 的值为 1
```

如果 D652_10_DO2 的值为 1，则程序继续往下执行；如果达到最长等待时间 300 s，D652_10_DO2 的值仍然不为 1，则工业机器人报警或进入出错处理程序。

5. WaitUnitl 信号判断指令

WaitUnitl 信号判断指令可用于布尔量、数字量和 I/O 信号值的判断，如果条件到达指令中的设定值，程序继续往下执行，否则就一直等待，除非设定了最长等待时间。

```
WaitUnitl D652_10_DI1=1;      //DI 信号值判断
WaitUnitl D652_10_DO2=0;      //DO 信号值判断
WaitUnitl flag1=TURE;         //flag1 为布尔量，布尔量判断
WaitUnitl reg1=4;             //reg1 为数字量，数字量判断
```

项目实施

5.2 编写装配模块程序

如图 5.5 所示的装配模块由一个黄色图块、一个蓝色图块、一个红色图块及一个盒子组成，通过编程，让工业机器人将红、黄、蓝三色的工件依次放进盒子里，最后将盖子装配好，实现完整的装配流程。

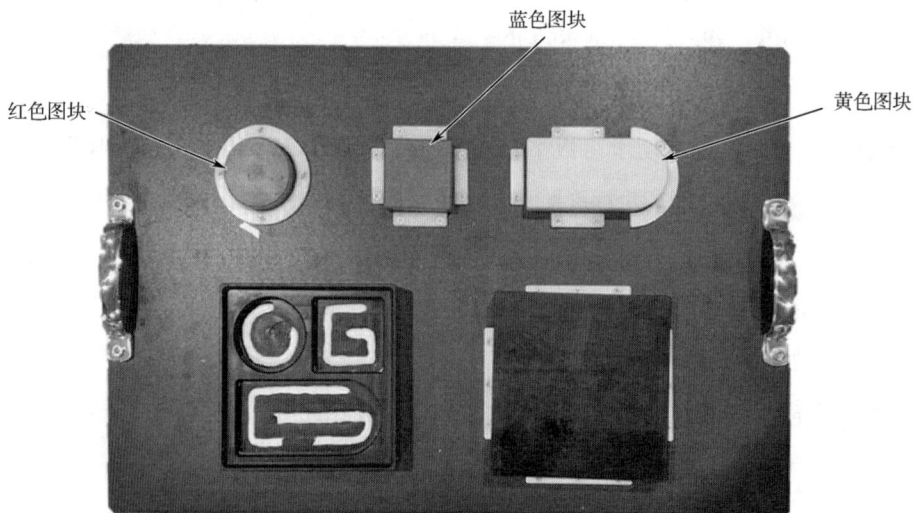

图 5.5 装配模块示意图

5.2.1 配置 I/O 信号

装配模块工作过程中需要将吸盘工具从工具库中取出，过程中用到控制工业机器人的手抓控制信号"D652_10_DO1"和"D652_10_DO2"来控制工业机器人手抓夹紧工件与松开工件。取出之后进行装配操作，过程中用到控制工业机器人的吸盘信号"D652_10_DO4"吸取工件，因此需要对 I/O 信号进行配置。按照前面的信号配置方法，输出信号配置如图 5.6 所示。

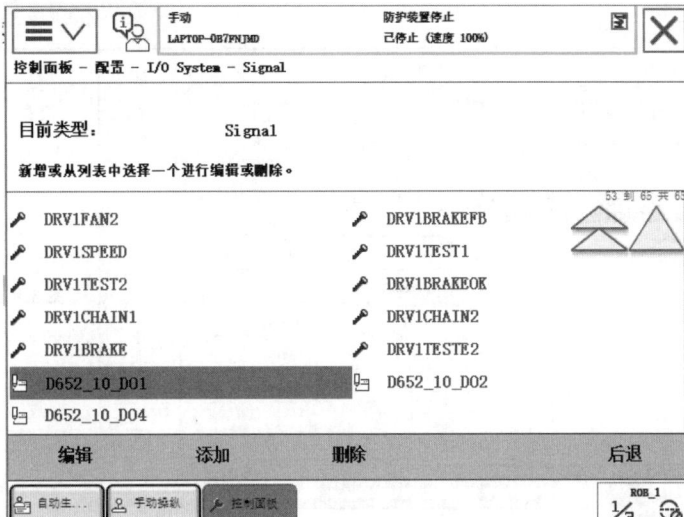

图 5.6　配置数字输出信号

5.2.2　I/O 指令使用

输出输入指令见表 5.7。

表 5.7　输出输入指令

	第 1 步：在编程界面单击"添加指令"按钮，在右侧菜单中选择相应的指令
	第 2 步：单击添加"Set"指令，在参数设置界面设置输出端口，选中后单击"确定"按钮

	第3步：添加指令效果如左图所示

5.2.3 装配模块编程

1. 程序流程设计

装配模块的程序流程设计如图 5.7 所示。

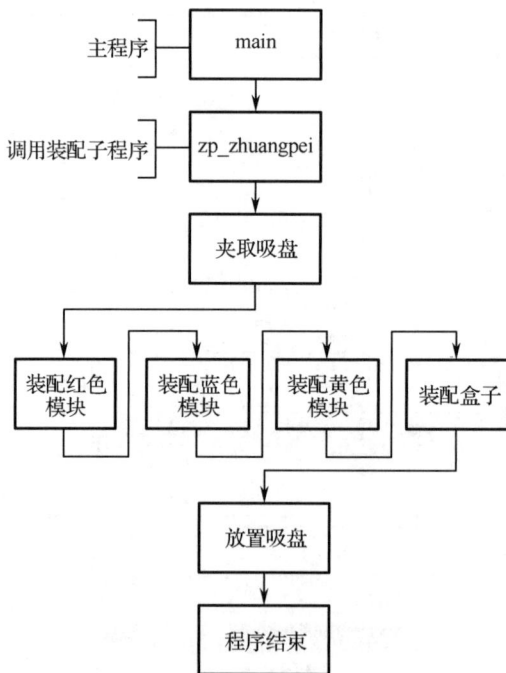

图 5.7 装配模块程序流程图

2. 工业机器人运动示教点

根据工业机器人的运行轨迹可确定其运动所需的示教点，见表 5.8。

表 5.8　机器人运动示教点

序　号	点 序 号	注　释	备　注
1	zhuangpei_home	工业机器人装配初始位置	需示教
2	xinpan_tool	吸盘夹具的 TCP	需建立
3	zhuangpei_wobj	装配的工件坐标	需建立
4	zp_hong_1	红色图块吸取位置	需示教
5	zp_hong_2～zp_hong_3	过渡点	需示教
6	zp_hong_4	红色图块放置位置	需示教
7	zp_lan_1	蓝色图块吸取位置	需示教
8	zp_lan_2～zp_lan_3	过渡点	需示教
9	zp_lan_4	蓝色图块放置位置	需示教
10	zp_huang_1	黄色图块吸取位置	需示教
11	zp_huang_2～zp_huang_3	过渡点	需示教
12	zp_huang_4	黄色图块放置位置	需示教
13	zp_hezi_1	盒子吸取位置	需示教
14	zp_hezi_2～zp_hezi_3	过渡点	需示教
15	zp_hezi_4	盒子放置位置	需示教

3．程序编写

扫一扫看装配模块程序源代码

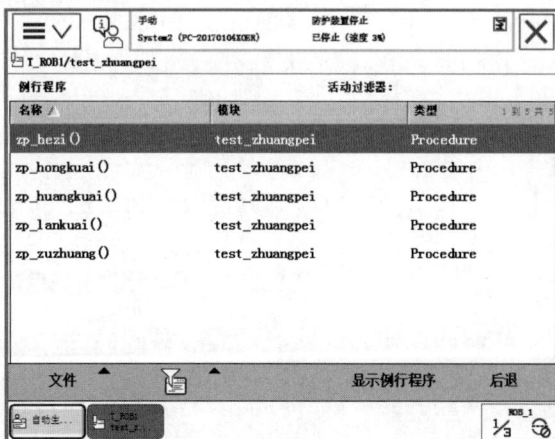

（1）程序组成。

根据工作任务的要求和程序流程图，装配模块的程序由一个主程序（main）和若干子程序组成，子程序分别为"zp_zhuangpei""zp_hongkuai""zp_lankuai""zp_huangkuai""zp_hezi"，程序组成如图 5.8 所示。

图 5.8　程序组成

（2）主程序编写。

进行主程序编写，在"main（）"程序中，只需调用"zp_zhuangpei（）"子程序即可，具体程序如下。

```
PROC main()
zp_zhuangpei;          //调用"zp_zhuangpei"子程序
ENDPROC
```

（3）装配程序编写。

在"**zp_zhuangpei（）**"程序中，要考虑工业机器人运动过程需要调用的各个子程序，具体程序如下。

```
PROC zp_zhuangpei()
xipan_qu;              //调用"xipan_qu"子程序，夹取吸盘工具
zp_hongkuai;           //调用"zp_hongkuai"子程序，装配红色图块
zp_lankuai;            //调用"zp_lankuai"子程序，装配蓝色图块
zp_huangkuai;          //调用"zp_huangkuai"子程序，装配黄色图块
zp_hezi;               //调用"zp_hezi"子程序，装配盒子图块
xipan_fang;            //调用"xipan_fang"子程序，放置吸盘工具
ENDPROC
```

（4）子程序编写。

这里以装配红色图块为例，介绍子程序的编写。按照工业机器人运动示教点的顺序编写程序，先吸取图块，再放置图块，最后工业机器人回到 home 点，参考程序如下。

```
PROC zp_hongkuai()
MoveJ zhuangpei_home, v150, z10, xinpan_tool;          //回到 home 点
MoveL zp_hong_2, v150, z0,xinpan_tool\WObj:=zhuangpei_wobj;
                        //工业机器人移动至吸取红色图块正上方合适的高度
MoveL zp_hong_1, v150, fine,xinpan_tool\WObj:=zhuangpei_wobj;
                        //工业机器人移动至吸取红色图块的位置
Set D652_10_DO4;        //打开吸盘，吸取图块
WaitTime 0.5;           //等待 0.5 秒，吸取需要一定的时间
MoveL zp_hong_2, v150, z0, xinpan_tool\WObj:=zhuangpei_wobj;
                        //工业机器人移动至红色图块正上方合适的高度
MoveJ zp_hong_3, v150, z0, xinpan_tool\WObj:=zhuangpei_wobj;
                        //工业机器人移动至放置红色图块正上方合适的高度
MoveL zp_hong_4, v150, fine, xinpan_tool\WObj:=zhuangpei_wobj;
                        //工业机器人移动至放置红色图块的位置
Reset D652_10_DO4;      //关闭吸盘，放置图块
WaitTime 0.5;           //等待 0.5 秒
MoveL zp_hong_3, v150, z0, xinpan_tool\WObj:=zhuangpei_wobj;
                        //工业机器人移动至放置红色图块正上方合适的高度
MoveJ zhuangpei_home, v150, z10, xinpan_tool;          //回到 home 点
ENDPROC
```

为了使吸盘工具能够吸紧工件和放开工件，在子程序中调用了延时指令 WaitTime，此指令用于程序在等待一个指定的时间后再继续向下执行。延时指令 WaitTime 的操作步骤见表 5.9。

表 5.9 WaitTime 延时指令操作步骤

	第 1 步：在例行程序中添加指令"WatiTime"
	第 2 步：单击下方的"123"按钮，输入延时时间 1 s，单击"确定"按钮
	第 3 步：完成延时指令输入

总　结

　　本项目主要介绍了机器人 I/O 通信的概念、DSQC652 板输出配置、I/O 信号配置及仿真、I/O 控制指令等知识，重点训练学生具备配置 I/O 信号、使用 I/O 指令编程等技能。通过完成装配模块的编程与操作，有助于理解 ABB 工业机器人 I/O 通信、I/O 指令的用途及使用方法。

思政园地

我国机器人研究的开拓者——蒋新松

　　蒋新松（1931—1997），机器人专家，战略科学家，1994 年 5 月当选为中国工程院首批院士。在 1980 年，蒋新松就任中国科学院沈阳自动化研究所所长，首先选定水下机器人为机器人技术的突破口。在 1983 年，他担任项目负责人，完成了中国第一台潜深 200 米的有缆遥控水下机器人"海人一号"的研究、设计与试验，开拓了中国机器人技术发展史上一个重要里程碑。

　　在 1990 年，在蒋新松的规划与指导下，完成了潜深 1000 米的无缆水下机器人"探索者号"。在 1991 年 10 月，蒋新松率中国团队与俄罗斯远东海洋技术问题研究所合作开发"CR-01" 6000 米水下机器人。近 20 年来，我国的水下机器人不断取得发展。载人潜水器"蛟龙号""海斗号"已先后成功下潜 7000 米、10000 米。伴随着"蛟龙号""潜龙号""海斗号""海翼

号"等探海神器的相继出现，我国进入"既能上九天揽月，又可下五洋捉鳖"的时代。

机器人在水下观测与检查、海上航行保护、海上作业平台建设、海底生物资源调查等方面，产生了重大的经济、社会效益以及国际影响，也为进一步自主发展新型水下机器人奠定了坚实的基础。正如蒋新松所说，科学事业是一种永恒探索的事业，它既没有起点，也没有终点。成功的欢乐，永远是一刹那。无穷的探索、无穷的苦恼，正是它本身的魅力所在。这也是蒋新松高尚人格的体现，表现了一个伟大的科学家对祖国、对人民、对科学的诚挚之心。

习题 5

一、填空题

1. 在工业机器人编程中，等待 2 s，指令应写成（　　　）。

2. Set 指令可以将 do1 信号置位结果为（　　　）。

3. Reset 指令可以将 do1 信号置位结果为（　　　）。

4. 在工业机器人编程时，等待一个输入信号状态变为设定值的指令是（　　　）。

扫一扫看习题 5 参考答案

二、单选题

1. 标准 I/O 模块所提供的数字量电压为（　　　）。

A. 5V　　　　　　　B. 12V　　　　　　　C. 24V　　　　　　　D. 10V

2. ABB 标准 I/O 板是下挂在 DeviceNet 现场总线下的设备，通过（　　　）端口与 DeviceNet 现场总线进行通信。

A. X5　　　　　　　B. X3　　　　　　　C. X20　　　　　　　D. X7

3. 关于 DSQC652 描述不正确的是（　　　）。

A. 16 点输入　　　B. 16 点输出　　　C. 输出高电平　　　D. 2 个模拟量输出

4. 机器人语言是由（　　　）表示的"0"和"1"组成的字串机器码。

A. 二进制　　　　　B. 十进制　　　　　C. 八进制　　　　　D. 十六进制

5. 标准 I/O 模块所提供的数字量电压为（　　　）。

A. 5V　　　　　　　B. 12V　　　　　　　C. 24V　　　　　　　D. 10V

6. ABB IRB120 工业机器人标配的 16 位数字量输入输出的 I/O 板是（　　　）。

A. SQC 651　　　　B. DSQC 652　　　　C. DSQC 653　　　　D. DSQC 355A

三、判断题

1. 如果使用指令 WaitUntil，工业机器人会无限制等下去，直到满足条件出现。（　　　）

2. 如果没有适合的数据类型，在程序中可以自己建立所需的数据类型。（　　　）

3. 在工业机器人调试和检修时，可对 I/O 信号的状态和数值进行仿真和强制操作。（　　　）

4. 调用指令 WaitTime，将等待制定的时间，再继续执行程序。（　　　）

5. 调用指令 WaitDO，将等待一个数字输出信号为设定值时，再继续执行程序。（　　　）

6. 调用注释指令，将为程序添加相关注释与说明。（　　　）

7. 调用指令 WaitUntil，将等到条件成立时，再继续执行程序。（　　　）

项目报告 5

班级		姓名		学号		
指导教师			时　间		年　　月　　日	
课程名称						
项目 5			装配模块编程与操作			

学习目标	 　　了解 ABB 工业机器人装配过程，掌握工业机器人 I/O 信号配置、I/O 指令及延时指令的应用，完成装配程序的编写及调试。
注意事项	1. 在教师的指导下进行实训任务。 2. 实训过程中不要乱改参数。 3. 工业机器人运行中，禁止碰触机器人。 4. 工业机器人手动操作时尽量降低运行速度。 5. 在运行线性模式时 4 轴与 5 轴不要在一条直线上，否则工业机器人会出现奇异点。 6. 工业机器人运动异常时，应及时按下急停开关。
学习任务	任务 1：配置 I/O 信号 1. 配置 DSQC652 信号板。 2. 配置数字 I/O 信号。 3. 信号查看和仿真。

学习任务	任务2：定义可编程按键	
	1．为可编程按键配置数字输出信号。	
	2．使用可编程控制按钮对 I/O 信号进行仿真。	
	任务3：装配模块的编程与操作	
	1．装配红块程序的编写及运行操作。	
	2．装配蓝块程序的编写及运行操作。	
	3．装配黄块程序的编写及运行操作。	
	4．装配盒盖程序的编写及运行操作。	
	5．装配模块的整体运行及调试。	
学习心得		

项目评价 5

项目 5　装配模块编程与操作			
基本素养（30 分）			
序号	内容	自评	互评	师评
1	纪律（10 分）			
2	安全操作（10 分）			
3	交流沟通（5 分）			
4	团队协作（5 分）			
理论知识（30 分）			
序号	内容	自评	互评	师评
1	I/O 信号配置与仿真（10 分）			
2	定义可编程按键（10 分）			
3	I/O 指令编程（10 分）			
操作技能（40 分）			
序号	内容	自评	互评	师评
1	运用所学指令完成装配红块程序的编写及运行操作（10 分）			
2	运用所学指令完成装配蓝块程序的编写及运行操作（10 分）			
3	运用所学指令完成装配黄块程序的编写及运行操作（5 分）			
4	运用所学指令完成装配盒盖程序的编写及运行操作（5 分）			
5	装配模块的整体运行及调试（10 分）			

项目 6

码垛模块编程与操作

扫一扫看
项目 6 教
学课件

项目分析

码垛作业广泛应用在食品、饮料、化工等行业中，使用工业机器人进行码垛作业具有生产效率高、节约成本、增加工人的安全性、码垛整齐规范等优点。图 6.1 所示为 ABB 工业机器人在生产线上进行码垛作业。本项目通过码垛模块模拟工业机器人的码垛工作过程，如图 6.2 所示。

图 6.1 ABB 工业机器人码垛作业

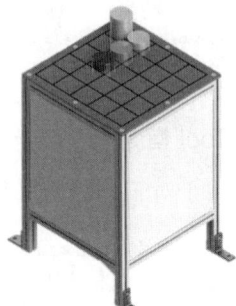

图 6.2 码垛模块示意图

学习目标

知识目标

● 掌握工业机器人功能函数的应用方法。
● 掌握工业机器人运算指令的使用方法。
● 掌握工业机器人变量的使用方法。

能力目标

● 能够熟练使用基础编程指令。

- 能够熟练应用功能函数、运算指令等指令完成程序的编写。
- 能够独立完成码垛模块的编程和调试。

素质目标

- 具有理论联系实际的良好学风。
- 具有分析和解决生产实际问题的能力。

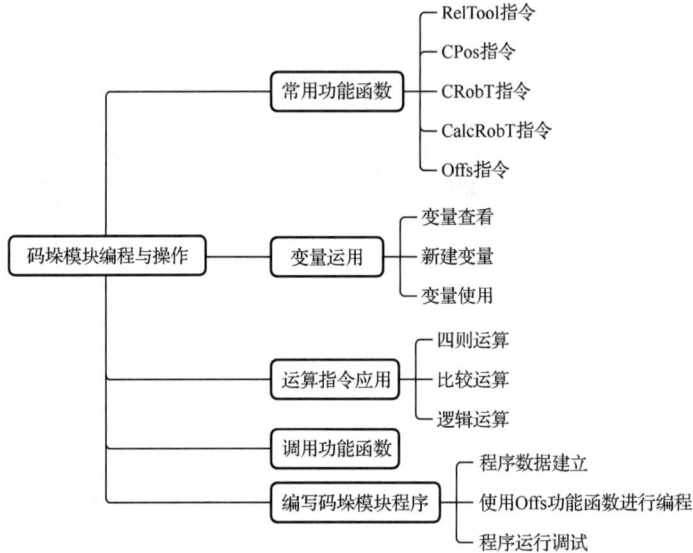

相关知识

6.1 常用功能函数

1. RelTool 指令

该指令用于对工具的位置和姿态进行调整。图 6.3 中的指令表示工具在 p10 处绕其 Z 轴旋转 90°。

```
24    !
25    !*****************************************
26  PROC Routine1()
27    MoveJ p10, v150, fine, tool1;
28    MoveL RelTool(p10,0,0,0\Rx:=0\Ry:=0\Rz:=90);
29  ENDPROC
30 ENDMODULE
```

图 6.3 RelTool 指令

2. CPos 指令

该指令用于读取机器人当前位置的 X、Y、Z 值赋给对应数据。图 6.4 中的指令表示读取 p10 的 X、Y、Z 值赋给 pos1，pos1 数据类型是 pos。

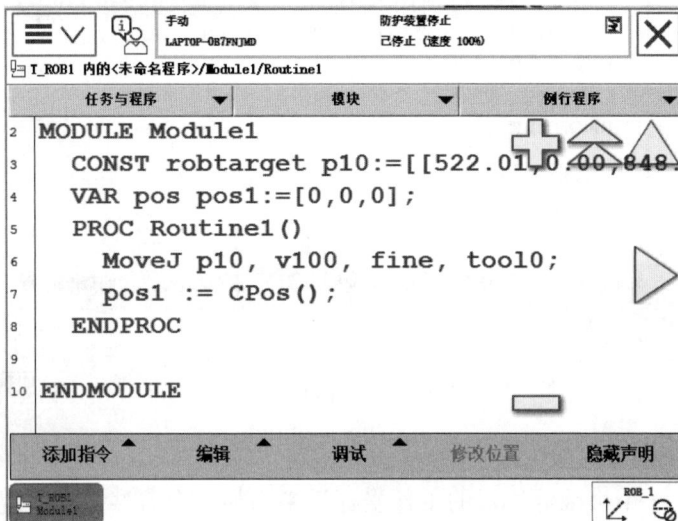

图 6.4　CPos 指令

3. CRobT 指令

该指令用于读取机器人当前的 robtarget 数据值赋给对应数据。图 6.5 中的指令表示读取 p10 的数据值赋给 robt30，robt30 数据类型是 robtarget。

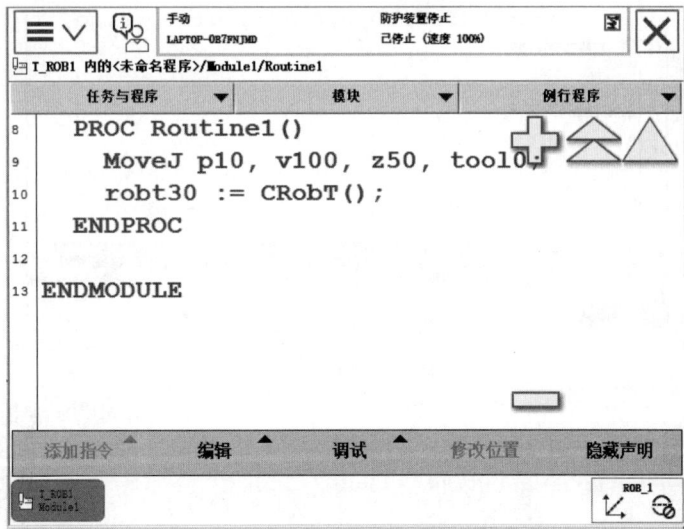

图 6.5　CRobT 指令

4. CalcRobT 指令

该指令用于将 jointtargrt 数据转换成 robtarget 数据。图 6.6 中的指令表示将 jointtargrt 数据 jpos10 转换成 robtarget 数据赋给 robt30。

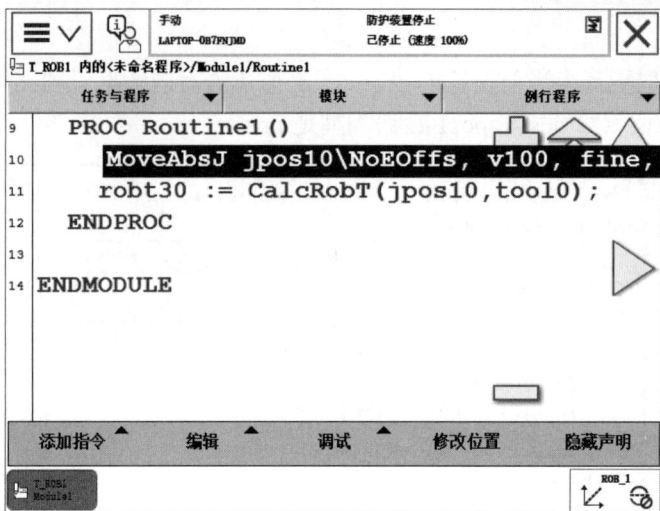

图 6.6 CalcRobT 指令

扫一扫看
Offs 指令应
用微课视频

5. Offs 指令

该指令用于在一个机械臂位置的工件坐标系中添加一个偏移量，实现工业机器人位置的偏移。图 6.7 的指令表示将机械臂移动至距位置 p10（沿 Z 方向）10mm 的一个点。

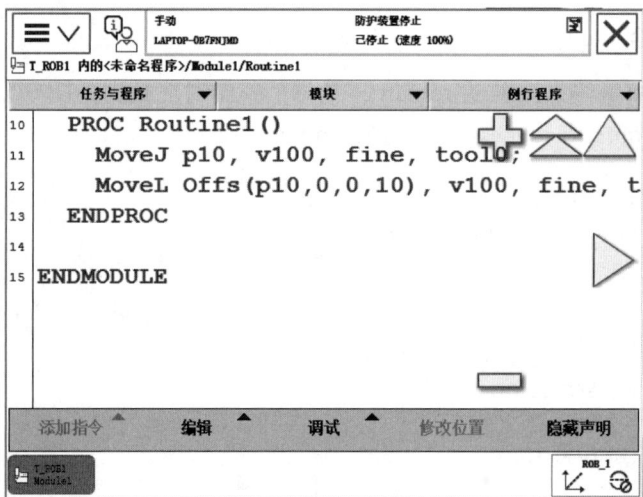

图 6.7 Offs 指令

扫一扫看变
量应用教学
课件

6.2 变量运用

从普通意义上来说，变量就是在工业机器人运行过程中出现的计算值（数值）的容器，在计算机的存储器中每个变量都有一个专门指定的地址。

6.2.1 变量查看

变量查看的步骤见表 6.1。

表 6.1　变量查看步骤

	第 1 步：打开主菜单，选择"程序数据"选项
	第 2 步：单击"视图"菜单，"已用数据类型"是当前程序所用到的数据类型，"全部数据类型"是系统上全部的数据类型
	第 3 步：选择"num"，再单击"显示数据"按钮，就可以看到程序中"num"类型的变量，其他变量类型也是相同的操作方法

6.2.2　新建变量

新建变量的步骤见表 6.2。

表 6.2　新建变量步骤

数据类型：num 活动过滤器： 选择想要编辑的数据。 范围：RAPID/T_ROB1　更改范围 名称　值　模块　1 到 5 共 5 reg1　0　user　全局 reg2　0　user　全局 reg3　0　user　全局 reg4　0　user　全局 reg5　0　user　全局 新建…　编辑　刷新　查看数据类型 T_ROB1　程序数据	第 1 步：以添加"num"变量为例，单击"新建"按钮
新数据声明 数据类型：num　当前任务：T_ROB1 名称：　test1 范围：　全局 存储类型：　变量 任务：　T_ROB1 模块：　Module1 例行程序：　〈无〉 维数　〈无〉 初始值　确定　取消 T_ROB1　程序数据	第 2 步：修改变量名，单击"确定"按钮
数据类型：num 活动过滤器： 选择想要编辑的数据。 范围：RAPID/T_ROB1　更改范围 名称　值　模块　1 到 6 共 6 reg1　0　user　全局 reg2　0　user　全局 reg3　0　user　全局 reg4　0　user　全局 reg5　0　user　全局 test1　0　Module1　全局 新建…　编辑　刷新　查看数据类型 T_ROB1　程序数据	第 3 步：变量添加完成

续表

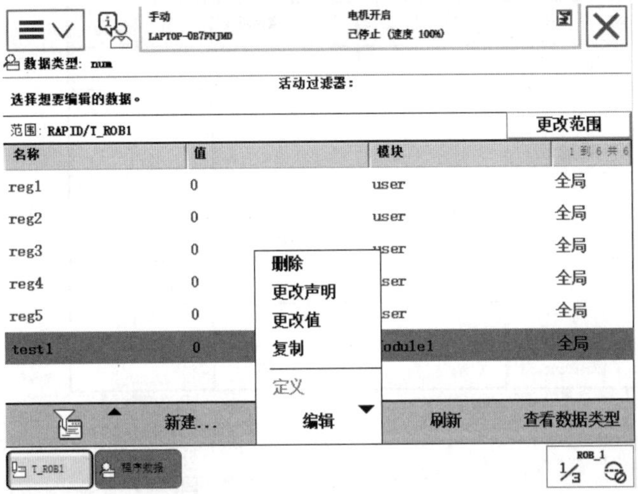

<table>
<tr><td>

</td><td>第 4 步：选中变量，单击"编辑"，选择"更改值"可以进行变量的赋初始值</td></tr>
</table>

6.2.3　变量使用

在 Offs 功能中使用变量作为偏移量的值，程序如图 6.8 所示。

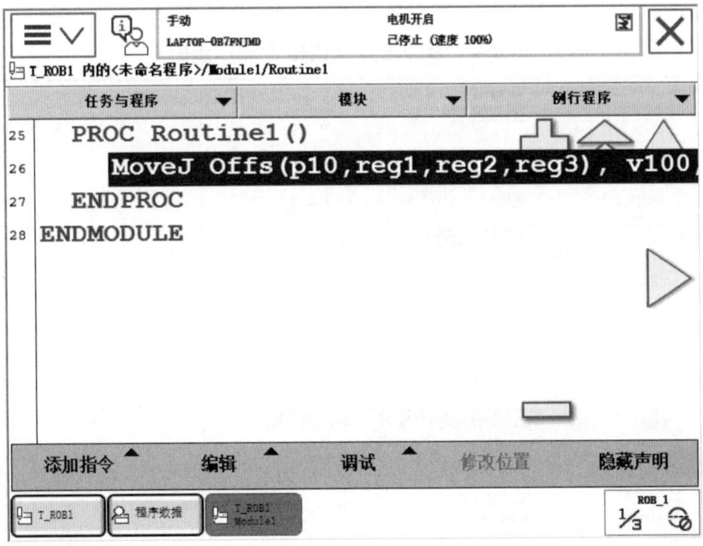

图 6.8　变量使用程序

6.3　运算指令应用

扫一扫看运算指令应用教学课件

在程序中，对变量的操作是通过运算指令实现的，包括运算指令和赋值指令。

6.3.1　运算指令类型

变量的常规运算可分成 3 类：四则运算、比较运算和逻辑运算，见表 6.3。

表 6.3　变量的常规运算

运 算 类 型	运 算 符 号	名　　称	运 算 类 型	运 算 符 号	名　　称
四则运算	+	加法	比较运算	=	等于
	−	减法		<>	不等于
	*	乘法		>	大于
	/	除法		<	小于
逻辑运算	AND	位与		>=	大于等于
	OR	位或		<=	小于等于
	NOT	位取反			
	XOR	位异或			

6.3.2　赋值指令

扫一扫看赋值指令微课视频

"：="赋值指令用于对程序数据进行赋值，赋值可以是一个常量或数学表达式。

常量赋值：reg1:=5。

数学表达式赋值：reg2:=reg1+4。

添加常量赋值指令的操作步骤见表 6.4。

表 6.4　添加常量赋值指令操作步骤

	第 1 步：在指令列表中选择赋值指令"：="
	第 2 步：赋值符号左右两侧数据类型应保持一致，赋值符号左右两侧变量的数据类型可以更改，更改方法是选中需要修改的量，然后单击示教器下方的"更改数据类型"按钮，从中选择想要更改为的数据类型。列表中的所有数据类型都可供选择

图示	说明
	第 3 步：选中所要赋值的数据，本例选择"reg1"
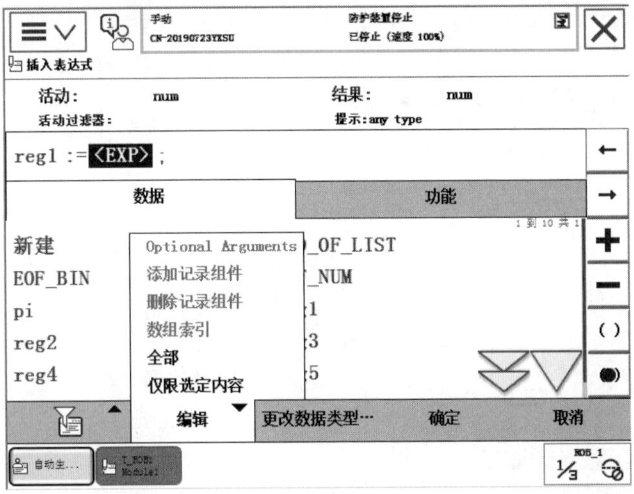	第 4 步：选中蓝色高亮显示的 "<EXP>"。打开"编辑"菜单，选择"仅限选定内容"
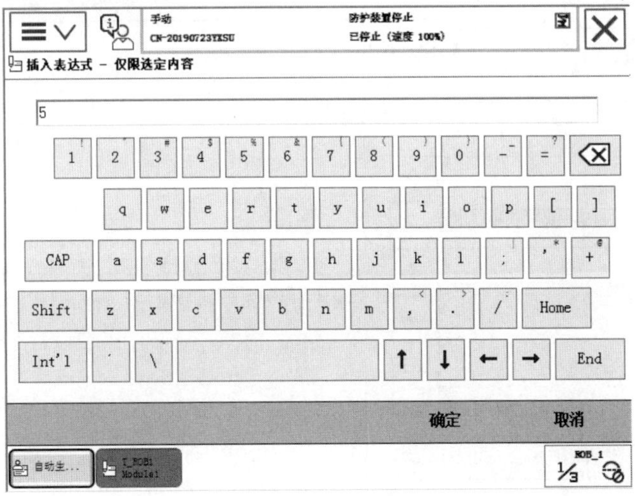	第 5 步：通过软键盘输入数字"5"，然后单击右下方的"确定"按钮

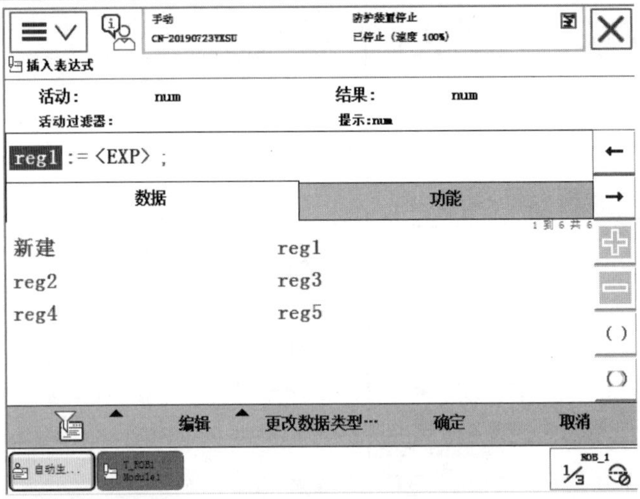

手动 CN-20190723YXSU　防护装置停止 已停止（速度 100%） 插入表达式 活动：　num　　　结果：　num 活动过滤器：　　　　提示:num reg1 := ■5 ; **数据**　　　　　　**功能** 　　　　　　　　　　1 到 10 共 1 新建　　　　　　END_OF_LIST EOF_BIN　　　　EOF_NUM pi　　　　　　　reg1 reg2　　　　　　reg3 reg4　　　　　　reg5 编辑　更改数据类型…　确定　取消 自动生…　T_ROB1 Module1　　　1/3	第 6 步：单击"确定"按钮
手动 CN-20190723YXSU　防护装置停止 已停止（速度 100%） T_ROB1 内的<未命名程序>/Module1/main 任务与程序　　模块　　例行程序 23　　PROC main() 24　　　!Add your code here 25　　　**reg1** := 5; 26　　ENDPROC 添加指令　编辑　调试　修改位置　显示声明 自动生…　T_ROB1 Module1　　　1/3	第 7 步：单击"确定"按钮，本条程序即插入例行程序中
手动 CN-20190723YXSU　防护装置停止 已停止（速度 100%） 插入表达式 活动：　num　　　结果：　num 活动过滤器：　　　　提示:num reg2 := reg1 ; **数据**　　　　　　**功能** 　　　　　　　　　　1 到 10 共 1 新建　　　　　　END_OF_LIST EOF_BIN　　　　EOF_NUM pi　　　　　　　reg1 reg2　　　　　　reg3 reg4　　　　　　reg5 编辑　更改数据类型…　确定　取消 自动生…　T_ROB1 Module1　　　1/3	第 8 步：按照之前的步骤，在 reg2、reg1 都添加完毕后，继续添加右侧的"+"

续表

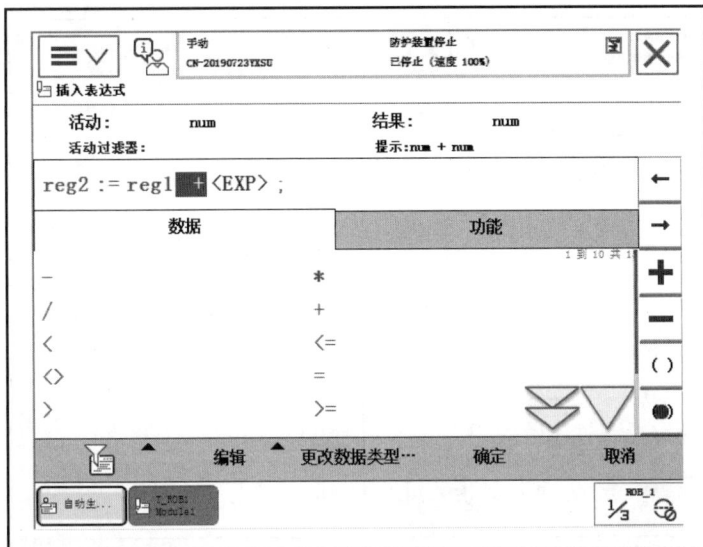

手动 CN-20190723YXSU　　防护装置停止　已停止 (速度 100%) 插入表达式 活动:　num　　　　结果:　num 活动过滤器:　　　　　提示:num + num reg2 := reg1 ＋ ⟨EXP⟩ ; 数据　　　　　　　功能 1 到 10 共 1 — 　　　　　　* / 　　　　　　+ < 　　　　　　<= <> 　　　　　　= > 　　　　　　>= 编辑　更改数据类型…　确定　取消 自动生…　T_ROB1 Module1　　1/3	第 9 步：在弹出的菜单中选择需要的运算符号，本例选择 "+"
手动 CN-20190723YXSU　　防护装置停止　已停止 (速度 100%) 插入表达式 活动:　num　　　　结果:　num 活动过滤器:　　　　　提示:any type reg2 := reg1 ＋⟨EXP⟩ ; 数据　　　　　　　功能 1 到 10 共 1 新建　　　　　　END_OF_LIST EOF_BIN　　　　EOF_NUM pi　　　　　　　reg1 reg2　　　　　　reg3 reg4　　　　　　reg5 编辑　更改数据类型…　确定　取消 自动生…　T_ROB1 Module1　　1/3	第 10 步："⟨EXP⟩" 会变为蓝色高亮显示，其余数据的添加过程与此类似，不再重复介绍

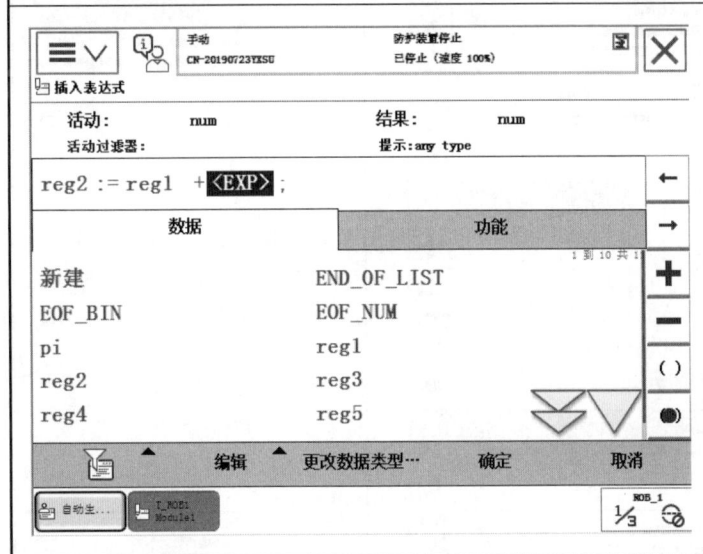

项目实施

6.4　调用功能函数

如图 6.9 所示，在工件坐标 "wobj1" 下，已经完成 P10 点手动示教，现已知 P20 点相对 P10 点在 X 轴上相距 100 mm，在 Y 轴上相距 70 mm，要求用 Offs 偏移指令编写到达 P20 点的程序。

Offs 偏移指令应用步骤见表 6.5。

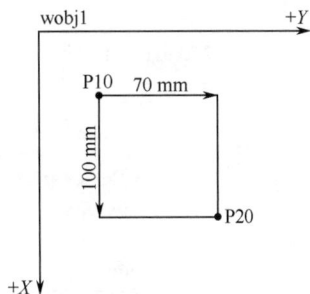

图 6.9　Offs 指令运用举例

表 6.5　Offs 偏移指令应用步骤

操作界面	说明
	第 1 步：进入"程序编辑器"，新建程序，添加一条"MoveL"指令，单击"P10"
	第 2 步：选择"P10"，单击"功能"，再选择"Offs"，进入编辑界面
	第 3 步：单击"编辑"菜单，选择"全部"

续表

手动 LAPTOP-O87FNJMD　防护装置停止 已停止 (速度 100%)　　插入表达式 - 全部　　Offs(P10, 100, 70, 0)　键盘布局　确定　取消	第 4 步：输入对应的参数，在基坐标下，将 P10 点偏移 X 轴 100 mm、Y 轴 70 mm、Z 轴 0 mm，单击"确定"按钮
手动 LAPTOP-O87FNJMD　防护装置停止 已停止 (速度 100%)　　更改选择 当前变量：ToPoint 选择自变量值：　活动过滤器：　MoveJ Offs(P10, 100, 70, 0), v100, fine, tool0; 数据　功能　1 到 6 共 6 CalcRobT　CRobT MirPos　Offs ORobT　RelTool 123...　表达式…　编辑　确定　取消	第 5 步：参数设定完成
手动 LAPTOP-O87FNJMD　防护装置停止 已停止 (速度 100%)　T_ROB1 内的<未命名程序>/Module2/Routine1 任务与程序　模块　例行程序 4　PROC Routine1() 5　　MoveJ Offs(P10,100,70,0), v100, fine 6　ENDPROC 7 8　ENDMODULE 添加指令　编辑　调试　修改位置　隐藏声明	第 6 步：指令添加完成，手动运行查看效果

6.5 编写码垛模块程序

本项目以完成多个圆形料块的码垛为目标，通过 Offs 功能函数、运算指令、赋值指令等的应用，完成程序的创建、编辑和验证，在棋盘格上实现将整齐叠放在一起的 3 块圆形物料从 md_qu_1 位置依次放置在"第一个点""第二个点""第三个点"。图 6.10 所示为码垛项目作业示意图。

图 6.10　圆形料块码垛

6.5.1 程序数据建立

为方便编写工业机器人程序，可以先创建程序数据。本项目中需要建立吸取第一个料块位置 md_qu_1 和放置第一个料块位置 md_fang_1 两个目标点，位置数据可在程序数据中建立，具体操作步骤见表 6.6。

表 6.6　程序数据建立步骤

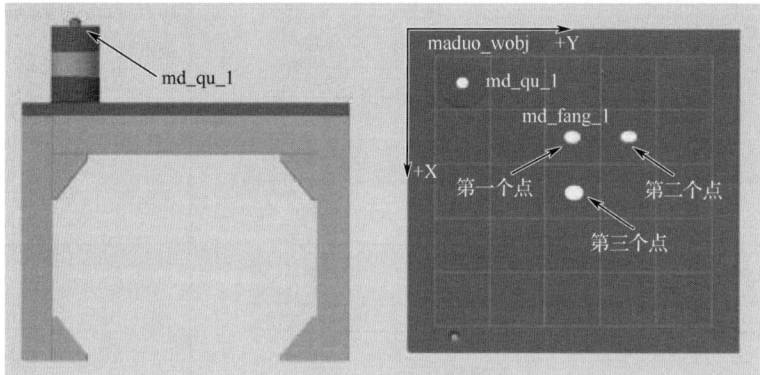	第 1 步：打开主菜单，选择"程序数据"

	第2步：选择数据类型"robtarget"，单击"显示数据"按钮
	第3步：单击"新建"，建立目标点位置数据
	第4步：完成目标点位置数据的建立

续表

手动 LAPTOP-0B7FNJMD 电机开启 已停止（速度 100%） 数据类型: robtarget 选择想要编辑的数据。 活动过滤器: 范围: RAPID/T_ROB1 更改范围 名称 值 模块 1 到 3 共 3 md_fang_1 [[413.97, -305.69,... Module1 全局 md_qu_1 [[413.97... Module1 全局 p10 [[413.97... Module1 全局 删除 更改声明 更改值 复制 定义 修改位置 新建... 编辑 刷新 查看数据类型 T_ROB1 程序数据 ROB_1 1/3	第 5 步：手动操纵工业机器人到目标点位置，选择"编辑"菜单中的"修改位置"，完成程序数据目标点位置的示教

6.5.2　码垛模块编程

1. 程序流程设计

码垛模块的程序流程设计如图 6.11 所示。

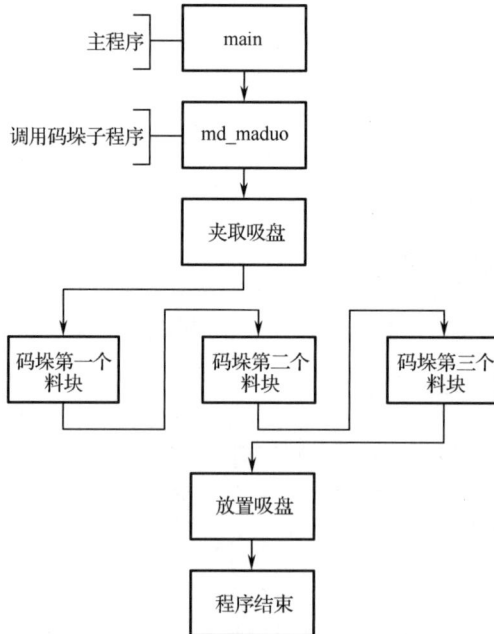

扫一扫看码垛模块程序源代码

图 6.11　码垛模块程序流程图

2. 工业机器人运动示教点

根据工业机器人的运行轨迹可确定其运动所需的示教点，见表 6.7。

表 6.7 机器人运动示教点

序　　号	点 序 号	注　　释	备　　注
1	maduo_home	机器人码垛初始位置	需示教
2	xipan_tool	吸盘夹具的 TCP	需建立
3	maduo_wobj	码垛的工件坐标	需建立
4	md_qu_1	吸取第一个料块位置	需示教
5	md_fang_1	放置第一个料块位置	需示教

3. 程序编写

（1）程序组成。

根据工作任务的要求和程序流程图，码垛单元的程序由一个主程序（main）和若干子程序组成，子程序分别为"md_maduo""md_di_1""md_di_2""md_di_3"，程序组成如图 6.12 所示。

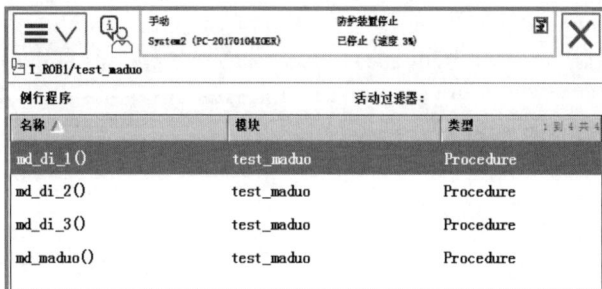

图 6.12 程序组成

（2）主程序编写。

在"main（）"程序中，只需调用"md_maduo（）"子程序即可，具体程序如下。

```
PROC main()
md_maduo;          //调用"md_maduo"子程序
ENDPROC
```

（3）码垛程序编写。

在"md_maduo（）"程序中，考虑工业机器人运动过程，调用各个子程序，具体程序如下。

```
PROC md_maduo()
xipan_qu;          //调用"xipan_qu"子程序，夹取吸盘工具
md_di_1;           //调用"md_di_1"子程序，码垛第一个料块
md_di_2;           //调用"md_di_2"子程序，码垛第二个料块
md_di_3;           //调用"md_di_3"子程序，码垛第三个料块
xipan_fang;        //调用"xipan_fang"子程序，放置吸盘工具
ENDPROC
```

（4）码垛第一个料块程序编写。

根据图 6.10，在工件坐标"maduo_wobj"下，把第一个料块码垛移动至第一点码垛的位置，参考程序如下。

```
PROC md_di_1( )
MoveJ maduo_home,v150,z10,xipan_tool;   //回到 home 点
MoveJ Offs(md_qu_1,0,0,50),v150,z0, xipan_tool\WObj:=maduo_wobj;
                       //工业机器人移动至吸取第一块料块正上方 50 mm 处
MoveL Offs(md_qu_1,0,0,0), v150,fine,xipan_tool\WObj:=maduo_wobj;
                       //工业机器人移动至吸取第一块料块的位置
Set D652_10_DO2;              //打开吸盘，吸取料块
WaitTime 0.5;                 //等待 0.5 秒
MoveL Offs(md_qu_1,0,0,50),v150, z0, xipan_tool\WObj:=maduo_wobj;
                       //工业机器人移动至吸取第一块料块正上方 50 mm 处
MoveJ Offs(md_fang_1,0,0,100),v150,z0,xipan_tool\WObj:=maduo_wobj;
                       //工业机器人移动至放置第一块料块正上方 100 mm 处
MoveL Offs(md_fang_1,0,0,0),v150,fine,xipan_tool\WObj:=maduo_wobj;
                       //工业机器人移动至放置第一块料块的位置
Reset D652_10_DO2;            //关闭吸盘，放置料块
WaitTime 0.5;                 //等待 0.5 秒
MoveL Offs(md_fang_1,0,0,100), v150, z0, xipan_tool\WObj:=maduo_wobj;
                       //工业机器人移动至放置第一块料块正上方 100 mm 处
MoveJ maduo_home, v150, z10, xipan_tool;   //回到 home 点
ENDPROC
```

（5）码垛第二个料块程序编写。

根据图 6.10，在工件坐标"maduo_wobj"下，第二个料块吸取位置相对于点"md_qu_1"只在 Z 轴平移了-20 mm 的距离（料块的厚度为 20 mm），第二个料块放置位置相对于点"md_fang_1"只在 Y 轴平移了 50 mm 的距离（棋盘格的边长为 50 mm），参考程序如下。

```
PROC md_di_2( )
MoveJ maduo_home, v150, z10, xipan_tool;   //回到 home 点
MoveJ Offs(md_qu_1,0,0,50), v150, z0, xipan_tool\WObj:=maduo_wobj;
                       //工业机器人移动至吸取第二块料块正上方 70 mm 处
MoveL Offs(md_qu_1,0,0,-20), v150, fine, xipan_tool\WObj:=maduo_wobj;
                       //工业机器人移动至吸取第二块料块的位置
Set D652_10_DO2;              //打开吸盘，吸取料块
WaitTime 0.5;                 //等待 0.5 秒
MoveL Offs(md_qu_1,0,0,50), v150, z0, xipan_tool\WObj:=maduo_wobj;
                       //工业机器人移动至吸取第二块料块正上方 70 mm 处
MoveJ Offs(md_fang_1,0,50,100),v150,z0, xipan_tool\WObj:=maduo_wobj;
                       //工业机器人移动至放置第二块料块正上方 100 mm 处
MoveL Offs(md_fang_1,0,50,0), v150, fine, xipan_tool\WObj:=maduo_wobj;
                       //工业机器人移动至放置第二块料块的位置
Reset D652_10_DO2;            //关闭吸盘，放置料块
WaitTime 0.5;                 //等待 0.5 秒
MoveL Offs(md_fang_1,0,0,100), v150, z0, xipan_tool\WObj:=maduo_wobj;
                       //工业机器人移动至放置第二块料块正上方 100 mm 处
MoveJ maduo_home, v150, z10, xipan_tool;   //回到 home 点
ENDPROC
```

（6）码垛第三个料块程序编写。

根据图 6.10，在工件坐标"maduo_wobj"下，第三个料块吸取位置相对于点"md_qu_1"只在 Z 轴平移了 -40 mm 的距离（料块的厚度为 20 mm），第二个料块放置位置相对于点"md_fang_1"只在 X 轴平移了 50 mm 的距离（正方形的边长为 50 mm），参考程序如下。

```
PROC md_di_3( )
MoveJ maduo_home, v150, z10, xipan_tool;    //回到 home 点
MoveJ Offs(md_qu_1,0,0,50), v150, z0, xipan_tool\WObj:=maduo_wobj;
                        //工业机器人移动至吸取第三块料块正上方 90 mm 处
MoveL Offs(md_qu_1,0,0,-40), v150, fine, xipan_tool\WObj:=maduo_wobj;
                        //工业机器人移动至吸取第三块料块的位置
Set D652_10_DO2;        //打开吸盘，吸取料块
WaitTime 0.5;           //等待 0.5 秒
MoveL Offs(md_qu_1,0,0,50), v150, z0, xipan_tool\WObj:=maduo_wobj;
                        //工业机器人移动至吸取第三块料块正上方 90 mm 处
MoveJ Offs(md_fang_1,50,0,100), v150, z0, xipan_tool\WObj:=maduo_wobj;
                        //工业机器人移动至放置第三块料块正上方 100 mm 处
MoveL Offs(md_fang_1,50,0,0), v150, fine, xipan_tool\WObj:=maduo_wobj;
                        //工业机器人移动至放置第三块料块的位置
Reset D652_10_DO2;      //关闭吸盘，放置料块
WaitTime 0.5;           //等待 0.5 秒
MoveL Offs(md_fang_1,50,0,100), v150, z0, xipan_tool\WObj:=maduo_wobj;
                        //工业机器人移动至放置第三块料块正上方 100 mm 处
MoveJ maduo_home, v150, z10, xipan_tool;    //回到 home 点
ENDPROC
```

总　结

本项目主要介绍了工业机器人程序数据、功能函数、运算指令、变量使用等知识。重点训练学生灵活使用工业机器人编程指令简化编程步骤、优化程序设计的能力。通过完成码垛模块的编程与操作，有助于理解 ABB 工业机器人数据类型、指令与功能函数的用途及使用方法。

思政园地

中国智慧——从指南针到北斗

2020 年 6 月 23 日 9 时 43 分，在大凉山腹地的西昌卫星发射中心西昌发射场，伴随着山呼海啸般的一声巨响，腾空而起的长征火箭底部拖曳着耀眼的白色尾焰，承载着北斗三号最后一颗全球组网卫星飞向太空。在约 30 分钟后，该卫星顺利进入预定轨道，至此，我国提前完成北斗卫星导航系统的星座部署。

中国北斗人经过几代人的不懈努力，探索出一条符合中国国情的"三步走"发展道路，为世界卫星导航发展贡献了"中国方案"。首创三种轨道构成混合星座；独具特色的短报文通信功能，使用户在没有移动通信信号覆盖的区域时实现双向数据传输；首创的导航星座星间链路技术，实现了星星互联、星地互联，彰显了"中国智慧"。

北斗卫星导航系统"三步走"锁定的不只是向中国提供服务，更在于向亚太地区、全

球提供服务。2017 年 11 月 5 日，北斗三号全球组网双星首次发射；2018 年 12 月 27 日，北斗三号基本系统建成并开始提供全球服务；2019 年 12 月 16 日，北斗三号全球系统核心星座部署完成，北斗卫星导航系统的全球服务能力全面实现；2020 年 6 月 23 日，我国完成北斗卫星导航系统星座部署。中国的北斗卫星导航系统让世界变得更加美好。

习题 6

扫一扫看习题 6 参考答案

一、单选题

1. 程序 reg1:=14 DIV 4 所得到的 reg1 的值为（　　）。

A. 1 　　　　　　B. 2 　　　　　　C. 3 　　　　　　D. 4

2. 数据类型 BOOL 在程序中所代表的类型为（　　）。

A. 数字量 　　　　B. 模拟量 　　　　C. 布尔量 　　　　D. 逻辑量

3. Offs 偏移指令参考的坐标系是（　　）。

A. 大地坐标系 　　　　　　　　　B. 当前使用的工件坐标系

C. 基坐标系 　　　　　　　　　　D. 当前使用的工具坐标系

4. 使用 Offs 偏移指令返回的是（　　）数据类型。

A. robjoint 　　　　B. string 　　　　C. robtarget 　　　　D. singdata

5. 在工业机器人搬运工作站中，用于工业控制机器人夹爪工具开合的动作信号是（　　）。

A. 数字量输出信号 　　　　　　　B. 数字量输入信号

C. 模拟量输入信号 　　　　　　　D. 模拟量输出信号

6. 对 NUM 加 1 的操作，下列正确的是（　　）。

A. NUM:=1 　　　　　　　　　　B. NUM:=NUM+1

C. DECR NUM 　　　　　　　　　D. NUM+1

二、多选题

1. 位置数据（robtarget）的存储类型可以选择（　　）。

A. 常量 　　　　B. 变量 　　　　C. 可变量 　　　　D. 数字量

2. 位置数据（robtarget）的作用域可以选择（　　）。

A. 全局 　　　　B. 本地 　　　　C. 任务 　　　　D. 指令

3. 工业机器人程序数据的存储类型有（　　）。

A. VAR 　　　　B. PERS 　　　　C. CONST 　　　　D. AUTO

4. 工具数据用于描述安装在机器人第 6 轴上的工具的（　　）参数数据。

A. TCP 　　　　B. 大小 　　　　C. 质量 　　　　D. 重心

5. 运动指令中的所有数据都可以进行（　　）操作。

A. 复制 　　　　B. 粘贴 　　　　C. 新建 　　　　D. 修改位置

6. 新建 num 类型数据，需要设定数据的（　　）。

A. 名称 　　　　B. 有效范围 　　　　C. 存储类型 　　　　D. 存储位置

项目报告6

班级		姓名		学号		
指导教师		时　间		年　　月　　日		
课程名称						
项目 6	码垛模块编程与操作					

学习目标	 了解 ABB 工业机器人码垛过程，掌握工业机器人 Offs 功能函数、运算指令、赋值指令等的应用，完成码垛程序的编写及调试。
注意事项	1．在教师的指导下进行实训任务。 2．实训过程中不要乱改参数。 3．工业机器人运行中，禁止碰触工业机器人。 4．工业机器人手动操作时尽量降低运行速度。 5．在运行线性模式时 4 轴与 5 轴不要在一条直线上，否则工业机器人会出现奇异点。 6．工业机器人运动异常时，应及时按下急停开关。
学习任务	任务 1：工业机器人编程指令的应用 1．运用偏移指令编写一个可执行的程序。 2．运用赋值指令编写一个可执行的程序。 3．运用变量编写一个可执行的程序。

学习任务	任务2：码垛模块的编程与操作	
	1. 码垛第一个圆形物料程序的编写及运行操作。	
	2. 码垛第二个圆形物料程序的编写及运行操作。	
	3. 码垛第三个圆形物料程序的编写及运行操作。	
	4. 运行主程序，自动完成三个圆形物料的码垛作业过程。	
学习心得		

项目评价6

项目6　码垛模块编程与操作			
基本素养（30分）			
序号	内容	自评	互评	师评

序号	内容	自评	互评	师评
1	纪律（10分）			
2	安全操作（10分）			
3	交流沟通（5分）			
4	团队协作（5分）			

理论知识（30分）				
序号	内容	自评	互评	师评
1	Offs功能函数应用（10分）			
2	赋值指令的应用（10分）			
3	变量的使用（10分）			

操作技能（40分）				
序号	内容	自评	互评	师评
1	完成码垛第一个圆形物料程序的编写及运行操作（10分）			
2	完成码垛第二个圆形物料程序的编写及运行操作（10分）			
3	完成码垛第三个圆形物料程序的编写及运行操作（10分）			
4	运行主程序，自动完成三个圆形物料的码垛作业过程（10分）			

项目 7

搬运模块编程与操作

扫一扫看
项目 7 教
学课件

项目分析

在工业生产中采用工业机器人搬运，可大幅度提高生产效率，节省劳动力成本，提高定位精度，降低搬运过程中的产品损坏率。ABB 搬运工业机器人在诸多领域均有广泛的应用，如物流输送、周转、仓储等，如图 7.1 所示。本项目以完成多个工件的搬运为目标，介绍工业机器人 FOR 指令、WHILE 指令等条件逻辑判断指令的用法，完成程序的创建、编辑和回放，实现工件的搬运过程，并对运行轨迹进行节拍优化。搬运模块如图 7.2 所示。

图 7.1 搬运工业机器人

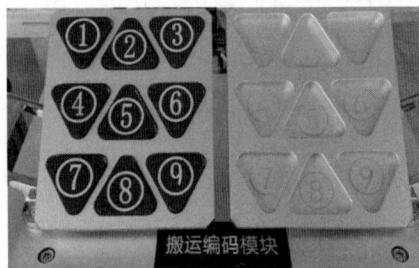

图 7.2 搬运模块示意图

学习目标

知识目标

● 了解工业机器人搬运过程。

● 掌握工业机器人逻辑判断指令的应用。

● 熟悉工业机器人中断程序的应用。

能力目标

- 能够熟练使用基础编程指令。
- 能够运用逻辑判断指令编制复杂的程序任务。
- 能够独立完成搬运模块的编制和调试。

素质目标

- 具有竞争意识和不服输的工作态度。
- 培养"质量第一、精益求精"的工匠精神。

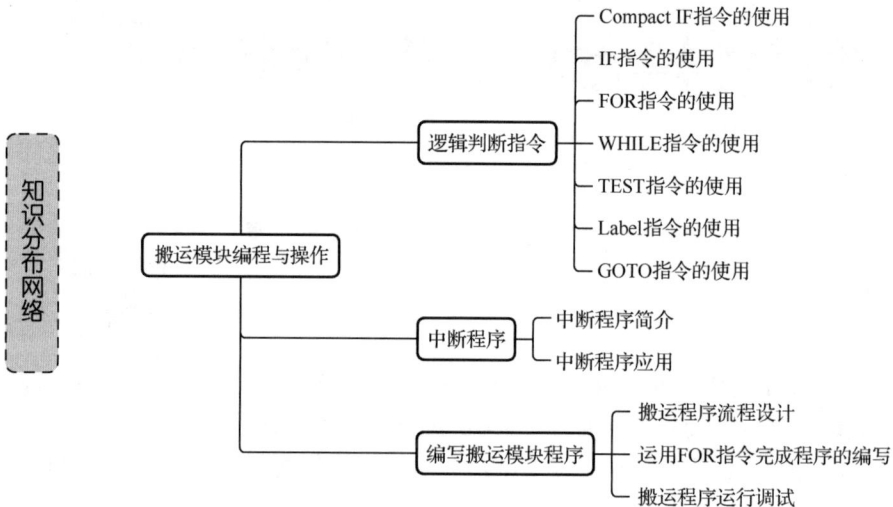

知识分布网络

搬运模块编程与操作
- 逻辑判断指令
  - Compact IF指令的使用
  - IF指令的使用
  - FOR指令的使用
  - WHILE指令的使用
  - TEST指令的使用
  - Label指令的使用
  - GOTO指令的使用
- 中断程序
  - 中断程序简介
  - 中断程序应用
- 编写搬运模块程序
  - 搬运程序流程设计
  - 运用FOR指令完成程序的编写
  - 搬运程序运行调试

相关知识

扫一扫看逻辑判断指令教学课件

7.1 逻辑判断指令

条件逻辑判断指令用于对条件进行判断后执行相应的操作。逻辑控制指令见表 7.1。

表 7.1　逻辑控制指令

指令名称	指令集	说　明
Compact IF	Common/Prog.Flow	成立型条件判断，只有满足条件时才能执行指令
IF	Common/Prog.Flow	选择型条件判断，基于是否满足条件执行指令序列
FOR	Common/Prog.Flow	次数控制型循环判断，重复一段程序多次
WHILE	Common/Prog.Flow	直到型循环判断，重复指令序列，直到满足给定条件
TEST	Prog.Flow	选择分支型判断，基于表达式的数值执行不同指令
Label	Prog.Flow	指令标签
GOTO	Prog.Flow	跳转到标签处

7.1.1　Compact IF 指令的使用

Compact IF 紧凑型条件判断指令用于当一个条件满足时就执行一句指令。如图 7.3 所示，在例行程序 Routine1 中调用了一条 Compact IF 指令进行"成立型"条件判断，如果布尔型变量 flag1 为 true，则数字输出信号 D652_10_DO1 置位。

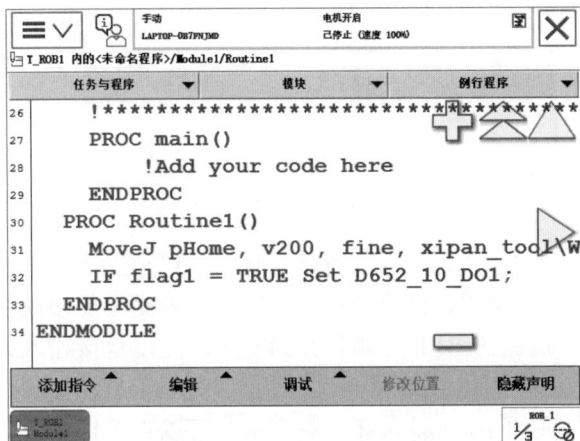

图 7.3　Compact IF 指令调用格式

Compact IF 指令是指令 IF 的简单化，判断条件后只允许跟一句指令，如果有多句指令需要执行，必须采用指令 IF。

扫一扫看 IF 指令应用微课视频

7.1.2　IF 指令的使用

IF 条件判断指令，就是根据不同的条件去执行不同的指令。条件判定的条件数量可以根据实际情况增加与减少。如图 7.4 所示，在例行程序 Routine1 中调用了一条 IF 指令进行"选择型"条件判断，当数值型变量 num1 为 1 时，flag1 会赋值为 TRUE；当数值型变量 num2 为 2 时，flag1 会赋值为 FALSE；如果这两种情况都不满足，数字输出信号 D652_10_DO1 置位。

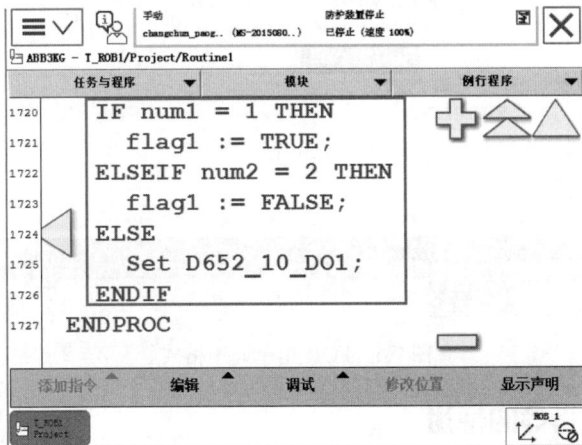

图 7.4　IF 指令调用格式

IF 指令通过判断相应条件控制需要执行的相应指令，是工业机器人程序流程的基本指令。需要指明的是，IF 指令可以在不加载 ELSEIF 或 ELSE 结构的条件下使用。

7.1.3 FOR 指令的使用

FOR 重复执行判断指令是编程语言中常用的循环语句，是有限次数的循环。在 ABB 工业机器人系统中，FOR 指令具有 4 个参数，如图 7.5 所示。

扫一扫看 FOR 循环+程序调用微课视频

```
                                              1共3 共3
FOR <ID> FROM <EXP> TO <EXP> STEP <EXP> DO

<SMT>

ENDFOR
```

图 7.5　FOR 指令参数

第 1 个参数 FOR 后面的 ID 是计数变量，是系统自动生成的临时变量，只需要输入名称。它可以被其他运算指令调用，但只能读不能写，也就是不能出现在赋值指令左侧。

第 2 个参数 FROM 后面的 EXP 是循环开始变量，可以直接输入数值，也可以使用已定义的数值变量。

第 3 个参数 TO 后面的 EXP 是循环结束变量，可以直接输入数值，也可以使用已定义的数值变量。

第 4 个参数 STEP 是步进值，可以直接输入数值，也可以使用已定义的数值变量，如果不使用 STEP，则根据循环开始变量和结束变量间的大小关系为默认的 1 或-1。

SMT 部分为循环结构体，也就是需要循环的程序内容。

FOR 重复执行判断指令，用于一个或多个指令需要重复执行数次的情况。如图 7.6 所示，在例行程序 main 中调用了一条 FOR 指令进行"次数控制型循环"判断，重复执行 Routine1 例行程序 10 次。

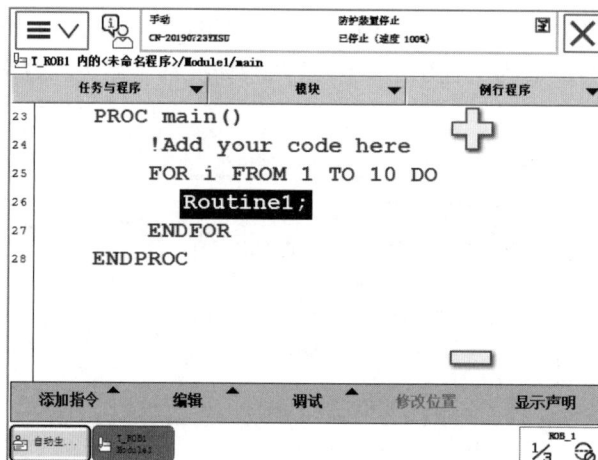

图 7.6　FOR 指令调用格式

扫一扫看 WHILE 循环程序微课视频

7.1.4 WHILE 指令的使用

WHILE 条件判断指令用于在给定条件满足的情况下一直重复执行对应的指令。如果符

合判断条件，则执行循环内指令，直到判断条件不满足才跳出循环，继续执行循环以后的指令。如图 7.7 所示，在例行程序 main 中调用了一条 WHILE 条件判断指令进行"直到型循环"判断，在 num1>num2 的条件满足的情况下，就一直执行 num1:=num1-1 的操作。

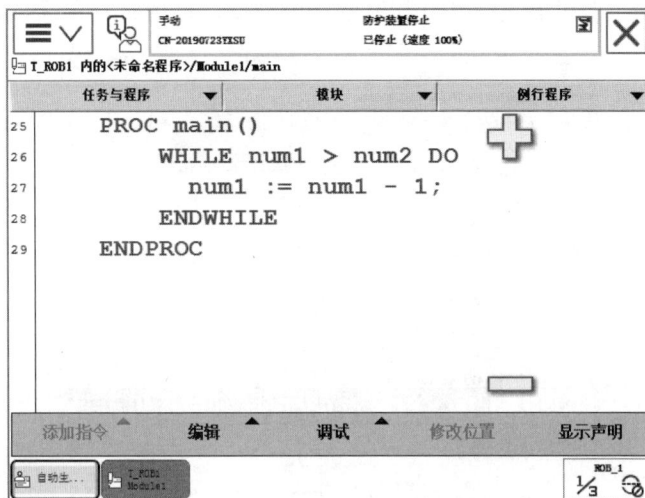

图 7.7　WHILE 指令调用格式

7.1.5　TEST 指令的使用

TEST 指令通过判断相应数据变量与其所对应的值，控制需要执行的相应指令。如图 7.8 所示，在例行程序 main 中调用了一条 TEST 指令进行"选择分支型条件"判断，根据 reg1 的值，执行不同的指令。如果该值为 1、2 或 3，则执行 Routine1；如果该值为 4，则执行 Routine2；否则打印出错误消息，并停止执行。

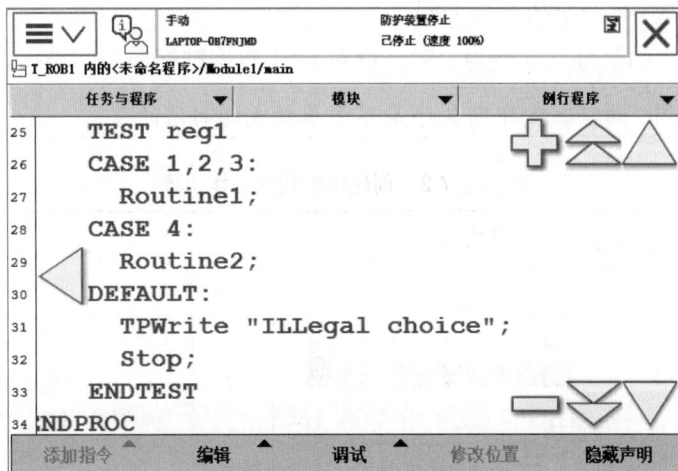

图 7.8　TEST 指令调用格式

7.1.6　Label 指令和 GOTO 指令的使用

Label 指令和 GOTO 指令搭配使用。Label 标签指令只是跳转指令的一个位置标签，通过跳转指令跳转到当前标签位置后继续向下执行。GOTO 跳转指令是当程序执行到 GOTO 指令时跳转到对应 Label 的标签处。如图 7.9 所示，在例行程序 Routine1 中调用 Label 指令，定义为标签 Label1，如果 reg1 小于 5，则通过 GOTO 指令将程序跳转到标签 Label1 处，往下执行程序，使得工业机器人在 P10 和 P20 之间移动，直到 reg1 等于 5 时，延时 1 s。

图 7.9 Label 指令和 GOTO 指令调用格式

7.2 中断程序

扫一扫看中断程序教学课件

在程序执行过程中，如果发生需要紧急处理的情况，就要中断当前执行程序，马上跳转到专门的程序中对紧急情况进行相应处理，处理结束后返回至中断的地方继续往下执行程序。这种用来处理紧急情况的专门程序称作中断程序。以下面的情况为例，创建一个中断程序，步骤见表 7.2。

（1）正常情况下，di1 的信号为 0；

（2）如果 di1 的信号从 0 变为 1 时，就对 reg1 数据进行加 1 的操作。

提示：RAPID 语言规定中断程序是不带参数或返回值的。

表 7.2 创建中断程序操作步骤

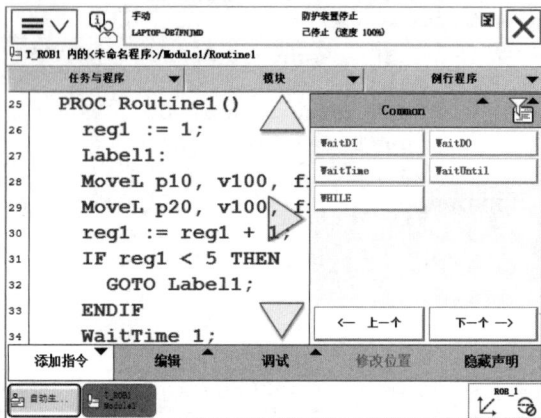	第 1 步：创建一个中断程序，在"类型"中选择"中断"，然后单击"确定"按钮

	第 2 步：在新建中断程序中添加赋值指令"reg1:=reg1+1；"
	第 3 步：在 main 模块中添加取消指定的中断指令"IDelete"
	第 4 步：在 IDelete 中选择"intno1"，如果没有的话，就新建一个，然后单击"确定"按钮

171

| ```
24    PROC main()
25        !Add your code here
26        IDelete intno1;
27        CONNECT <VAR> WITH <ID>;
28    ENDPROC
``` 添加指令　　编辑　　调试　　修改位置　　显示声明 | 第 5 步：添加连接一个中断符号到中断的指令"CONNECT" |
| 更改指令 - 更改 RAPID 目标名称参考

数据类型：　　intnum
从列表中选择一个项目　　活动过滤器：

`<VAR>`
新建　　　　intno1
　　　　　　　　　　1 到 2 共 2
确定　　取消 | 第 6 步：双击"`<VAR>`"进行设定 |
| 更改指令 - 更改 RAPID 目标名称参考

数据类型：　　intnum
从列表中选择一个项目　　活动过滤器：

intno1
新建　　　　intno1
　　　　　　　　　　1 到 2 共 2
确定　　取消 | 第 7 步：选择"intno1"，然后单击"确定"按钮 |
```

| ```
手动                       防护装置停止
CN-20190723YXSU           已停止（速度 100%）
T_ROB1 内的<未命名程序>/Module1/main

   任务与程序   ▼      模块   ▼      例行程序   ▼

24   PROC main()
25       !Add your code here
26       IDelete intno1;
27       CONNECT intno1 WITH  <ID> ;
28   ENDPROC

添加指令 ▲   编辑 ▲   调试   修改位置   显示声明

T_ROB1
Module1                              1/3
``` | 第8步：双击"ID"进行设定 |
| ```
手动                       防护装置停止
CN-20190723YXSU           已停止（速度 100%）
添加指令 - CONNECT 语句

从列表中选择一个"中断"例行程序。        活动过滤器：
                                        1 到 1 共 1

   Routine1

              New...        确定        取消

T_ROB1
Module1                              1/3
``` | 第9步：选择要关联的中断程序"Routine1"，然后单击"确定"按钮 |
| ```
手动                       防护装置停止
CN-20190723YXSU           已停止（速度 100%）
更改选择

当前变量：        Signal
选择自变量值：                    活动过滤器：

   ISignalDI \Single , <EXP> , 1 , intno1;

        数据                    功能
                                        1 到 1 共 1
新建

123...   表达式...   编辑 ▲   确定   取消

T_ROB1
Module1                              1/3
``` | 第10步：添加一个触发中断信号的指令"ISignalDI" |
```

手动 CN-20190723YXSU　防护装置停止 已停止（速度 100%） 更改选择 当前变量：　　Signal 选择自变量值。　　　　　　活动过滤器： ISignalDI \Single , **di1** , 1 , intno1; 数据　　　　　　　　　功能 　　　　　　　　　　　　　　　1 到 2 共 2 新建　　　　　　di1 123...　　表达式...　　编辑　　确定　　取消 T_ROB1　Module1　　　　　　ROB_1　1/3	第 11 步：选择触发中断信号 "di1"
手动 CN-20190723YXSU　防护装置停止 已停止（速度 100%） T_ROB1 内的＜未命名程序＞/Module1/main 任务与程序　　　模块　　　例行程序 25　PROC main() 26　　　!Add your code here 27　　　IDelete intno1; 28　　　CONNECT intno1 WITH Routine1; 29　　　**ISignalDI\Single, di1, 1, intno1;** 30　ENDPROC 添加指令　编辑　调试　修改位置　显示声明 T_ROB1　Module1　　　　　　ROB_1　1/3	第 12 步：ISignalDI 中的 Single 参数启用，则此中断只会响应 di1 一次，若要重复响应，则需将其去掉
手动 CN-20190723YXSU　防护装置停止 已停止（速度 100%） T_ROB1 内的＜未命名程序＞/Module1/main 任务与程序　　　模块　　　例行程序 25　PROC main() 26　　　!Add your code here 27　　　IDelete intno1; 28　　　CONNECT intno1 WITH Routine1; 29　　　**ISignalDI\Single, di1, 1, intno1;** 30　ENDPROC 添加指令　编辑　调试　修改位置　显示声明 T_ROB1　Module1　　　　　　ROB_1　1/3	第 13 步：选择 "ISignalDI"，然后单击鼠标左键

续表

更改选择 手动　CN-20190723YXSU　　防护装置停止　已停止（速度 100%） 当前指令：　　　　ISignalDI 选择待更改的变量。 	自变量	值	1 到 4 共 4
---	---	---
Single		
Signal	di1	
TriggValue	1	
Interrupt	intno1	| 可选变量　　　　　　　确定　　　取消 T_ROB1 / Module1　　1/3	第 14 步：单击"可选变量"按钮
更改选择 – 可选参变量 手动　CN-20190723YXSU　　防护装置停止　已停止（速度 100%） 选择要使用或不使用的可选参变量。 	自变量	状态	1 到 2 共 2
---	---	---
ISignalDI		
\Single　| |　[\SingleSafe]	已使用/未使用	| 使用　　不使用　　　　　　　关闭 T_ROB1 / Module1　　1/3	第 15 步：单击"\Singles"进入设定界面
更改选择 – 可选变量 – 多项变量 手动　CN-20190723YXSU　　防护装置停止　已停止（速度 100%） 当前变量：　　　　switch 选择要使用或不使用的可选自变量。 	自变量	状态	1 到 2 共 2
---	---	---
\Single	未使用	
\SingleSafe	未使用	| 使用　　不使用　　　　　　　关闭 T_ROB1 / Module1　　1/3	第 16 步：选中"\Singles"，然后单击"不使用"按钮，单击"关闭"按钮

	第 17 步：设定完后，单击"确定"按钮

示教器界面内容：

手动　CN-20190723YXSU　防护装置停止　已停止（速度 100%）

⊡更改选择

当前指令：　ISignalDI

选择待更改的变量。

自变量	值	1 到 3 共 3
Signal	di1	
TriggValue	1	
Interrupt	intno1	

可选变量　　确定　　取消

T_ROB1 Module1　　1/3　　ROB_1

项目实施

7.3　编写搬运模块程序

如图 7.10 所示为搬运模块的工件坐标系方向及工件偏移数值，实现工件由 A 位置搬运到 B 位置的搬运过程。

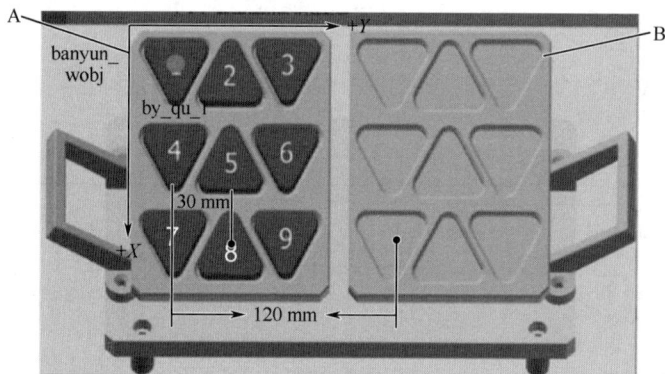

图 7.10　搬运模块示意图

扫一扫看工具对准坐标系微课视频

7.3.1　工具对准坐标系

在示教吸取工件位置时，为了使吸盘夹具与工件坐标系平行，使得吸盘能准确抓取工件，在示教点时要选择与当前选定工具对准的坐标系为工件坐标进行对准。具体操作步骤见表 7.3。

表 7.3　工具对准坐标系操作步骤

≡∨ 　手动　　　　　电机开启 　　　　LAPTOP-087FNJMD　己停止 (速度 100%) HotEdit　　　　　　备份与恢复 输入输出　　　　　校准 手动操纵　　　　　控制面板 自动生产窗口　　　事件日志 程序编辑器　　　　FlexPendant 资源管理器 程序数据　　　　　系统信息 注销　　　　　　　重新启动 Default User ROB_1　1/3	第 1 步：打开主菜单，选择"手动操纵"
≡∨ 　手动　　　　　电机开启　✕ 　　　　LAPTOP-087FNJMD　己停止 (速度 100%) 手动操纵 点击属性并更改　　　　　　　位置 机械单元：　ROB_1...　　　1:　　0.00 ° 绝对精度：　Off　　　　　2:　　0.00 ° 动作模式：　轴 1 - 3...　3:　　0.00 ° 坐标系：　　大地坐标...　4:　　0.00 ° 工具坐标：　xipan_tool...　5:　30.00 ° 工件坐标：　banyun_wobj...　6:　0.00 ° 有效载荷：　load0...　　位置格式... 操纵杆锁定：　无...　　操纵杆方向 增量：　　　无...　　　　2　1　3 对准...　　转到...　　启动... 手动操纵　I/O　　　　　ROB_1　1/3	第 2 步：单击示教器左下角的"对准"
≡∨ 　手动　　　　　电机开启　✕ 　　　　LAPTOP-087FNJMD　己停止 (速度 100%) 手动操纵 - 对准 当前工具：　　xipan_tool 1. 选择与当前选定工具对准的坐标系： 　坐标　　　工件坐标　　▲ 　　　　　　大地坐标 2. 按住使动装置，然　基坐标 　　　　　　工件坐标 3. 就绪时点击"关闭"。 　　　　　　　　　　　关闭 手动操纵　I/O　　　　　ROB_1　1/3	第 3 步：选择与当前选定工具对准的坐标系为工件坐标系

续表

	第 4 步：按住"开始对准"，使得工具与工件坐标系平行

7.3.2 搬运模块编程

1. 程序流程设计

搬运模块的程序流程设计如图 7.11 所示。

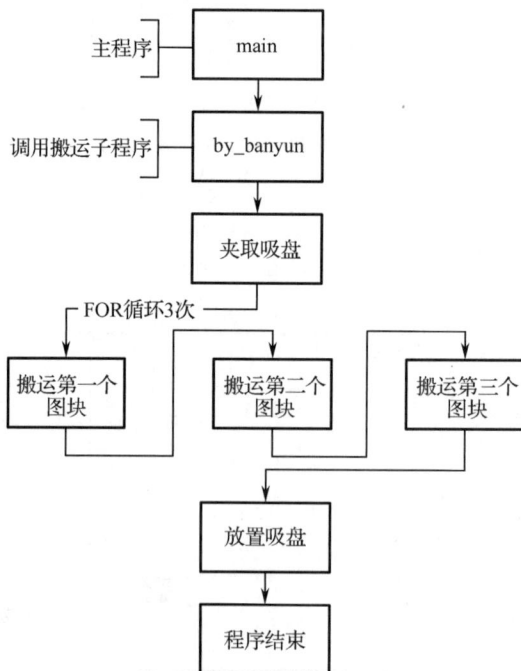

图 7.11 搬运模块程序流程图

2. 工业机器人运动示教点

根据工业机器人的运行轨迹可确定其运动所需的示教点，见表 7.4。

表 7.4 工业机器人运动示教点

序 号	点 序 号	注 释	备 注
1	banyun_home	工业机器人搬运初始位置	需示教
2	xipan_tool	吸盘夹具的 TCP	需建立
3	banyun_wobj	搬运的工件坐标	需建立
4	by_qu_1	吸取第一个图块位置	需示教

3. 操作步骤

（1）安装吸盘工具。吸盘工具从工具库中取出，用控制工业机器人的手爪控制信号
"D652_10_DO1"控制工业机器人手爪夹紧工件。

（2）创建工具坐标系。在手动操纵界面选择"工具坐标系"，新建名为"xipan_tool"的
工具坐标，完成吸盘夹具 TCP 的创建，如图 7.12 所示。

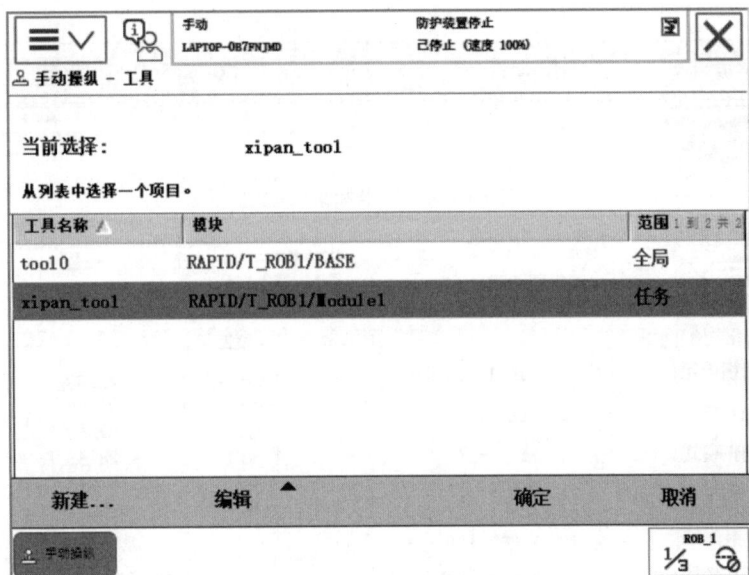

图 7.12 工具坐标系的创建

（3）创建工件坐标系。在手动操纵界面选择"工件坐标系"，新建名为"banyun_wobj"
的工件坐标，完成搬运的工件坐标系的创建，如图 7.13 所示。

（4）在手动操纵界面，选择新建的工具坐标系和工件坐标系，如图 7.14 所示。

（5）工业机器人程序的编写。下面以搬运 3 个图块程序（by_sankuai）为例编写程序。
本程序采用 FOR 循环语句，循环 3 次，依次完成图块 1、2、3 的搬运。其中，用变量 i 计
循环次数，根据 i 的值计算出取料的位置和放料点的位置。例如，第一次循环时，i 的值为
1，在工件坐标"banyun_wobj"下，搬运第一个图块的位置相对于点"by_qu_1"是同一个
点，那么吸取图块点的算法为"Offs(by_qu_1,0,(i-1) * 30,0)"（同一块板上两块图块的距离为
30 mm），而放置第一个图块的位置相对于点"by_qu_1"是在 Y 轴上平移了 120 mm，那么
放置图块点的算法为"Offs(by_qu_1,0,(i-1) * 30 + 120,0)"（两块板的距离为 120 mm），参考
程序如下。

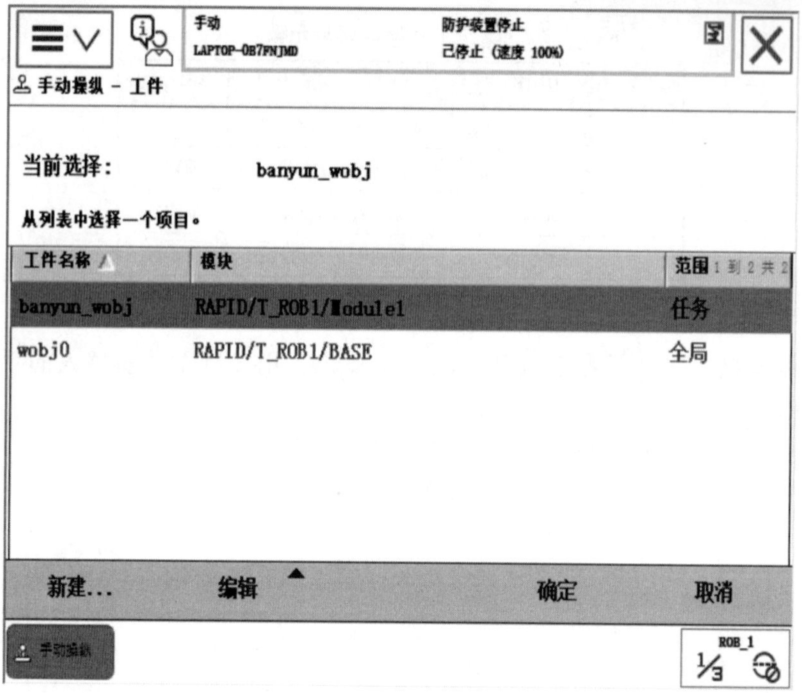

图 7.13　工件坐标系的创建

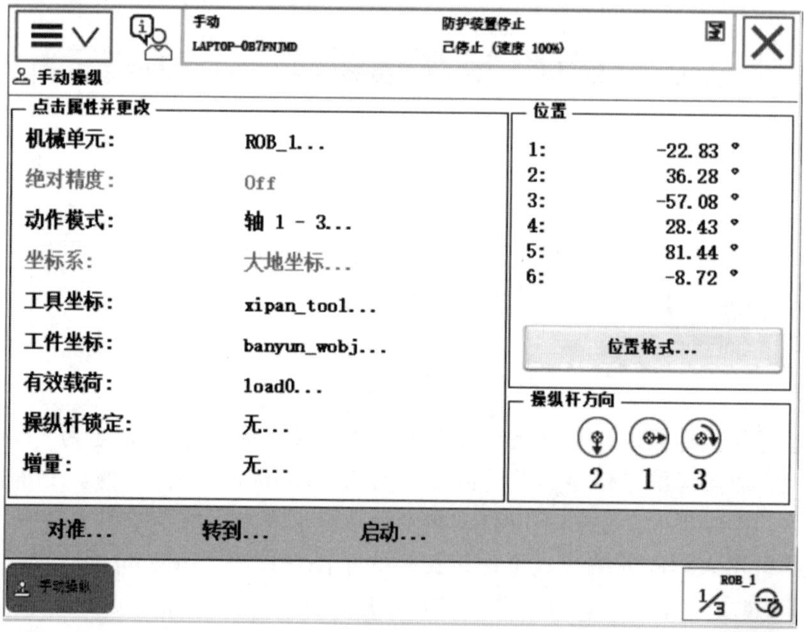

图 7.14　手动操纵界面

扫一扫看搬运模块程序源代码

```
PROC by_sankuai()
MoveJ banyun_home, v150, z10, xipan_tool;  //工业机器人回到 home 点
FOR i FROM 1 TO 3 DO          //FOR 循环3次，搬运3个图块
```

```
        MoveJ Offs(by_qu_1,0,(i-1)*30,50),v150,fine,xipan_tool\WObj:=banyun_wobj;
                                //工业机器人移动至吸取第 i 块图块正上方 50 mm 处
        MoveL  Offs(by_qu_1,0,(i-1)*30,0),v150,fine,xipan_tool\WObj:= banyun_
wobj;
                                //工业机器人移动至吸取第 i 块图块的位置
        Set D652_10_DO2;        //打开吸盘，吸取图块
        WaitTime 0.5;           //等待 0.5 秒
        MoveL Offs(by_qu_1,0,(i-1)*30,50),v150,fine,xipan_tool\WObj:=banyun_wobj;
                                //工业机器人移动至吸取第 i 块图块正上方 50 mm 处
        MoveJ  Offs(by_qu_1,0,(i-1)*30 + 120,50),v150,fine,xipan_tool\WObj:=
banyun_wobj;
                                //工业机器人移动至放置第 i 块图块正上方 50 mm 处
        MoveL  Offs(by_qu_1,0,(i-1)*30 + 120,0),v150,fine,xipan_tool\WObj:=
banyun_wobj;
                                //工业机器人移动至放置第 i 块图块的位置
        Reset D652_10_DO2;      //关闭吸盘，放置图块
        WaitTime 0.5;           //等待 0.5 秒
        MoveL  Offs(by_qu_1,0,(i-1)*30 + 120,50),v150,fine,xipan_tool\WObj:=
banyun_wobj;
                                //工业机器人移动至放置第 i 块图块正上方 50 mm 处
        ENDFOR ENDPROC
```

总　结

本项目主要介绍了工业机器人 Compact IF 指令、IF 指令、FOR 指令、WHILE 指令等条件逻辑判断指令的使用方法。重点训练学生能够熟练运用各种条件逻辑判断指令进行编程，对工业机器人程序能够进行优化处理，提高编程效率。

思政园地

风驰电掣——中国高铁的快速崛起

随着时代的飞速发展，中国高铁以其风驰电掣般的速度和优渥的服务享誉全球，赢得了国际社会的瞩目和认可。从引进技术到自主创新，从建设规模到服务水平，中国高铁用短短几十年的时间，走过了发达国家几百年的铁路发展历程，展现了大国速度和风采。

中国高铁的崛起始于引进国外先进技术。在 2000 年前后，中国铁路部门开始引进法国、德国、日本等国的先进高铁技术，并结合国内实际情况进行消化吸收。通过引进、消化、吸收、再创新的过程，中国高铁逐渐崭露头角，开始在国内外市场上占据一席之地。

在引进技术的基础上，中国高铁不断地进行自主创新，推动技术飞跃。中国铁路部门积极投入研发，不断突破技术瓶颈，形成了具有自主知识产权的高铁技术体系。复兴号动车组的成功研制，标志着中国高铁技术已经站在了世界前列。复兴号动车组不仅在速度上达到了世界领先水平，而且在安全性、舒适性、智能化等方面也有了显著提升。

展望未来，中国高铁将继续保持快速发展的势头，继续领跑全球高速铁路的发展。中国铁路部门将继续加大投入，推动高铁技术的创新和升级，提高高铁的运营效率和服务水平。同时，中国高铁还将积极参与国际竞争与合作，推动全球高速铁路的互联互通和共同发展。风驰电掣的中国高铁不仅是中国制造的骄傲，更是中国速度和智慧的象征。在未来的发展中，中国高铁将继续书写辉煌的篇章，为人类社会的进步和发展做出更大的贡献。

习题 7

扫一扫看习题 7 参考答案

一、填空题

1．IF reg1<=1, set D652_10_DO1，此段程序的含义是（　　　）。

2．FOR i FROM 1 TO 6 DO, Routine1；END FOR，此段程序的含义是（　　　）。

3．WHILE num1>num2 DO, num1:=num1-1；ENDWHILE，此段程序的含义是（　　　）。

4．使用对准功能，工具可以对准的坐标系有（　　　）。

二、单选题

1．当一个或多个指令重复多次时，可使用 FOR 指令，FOR 指令是（　　　）指令。

A．循环递增减　　　　　　B．循环　　　　　　C．偏移　　　　　　D．判断

2．如果要进行循环控制，应该使用（　　　）指令。

A．Compact IF　　　　　　B．IF　　　　　　C．FOR　　　　　　D．TEST

3．如果要进行多条件选择判断，应该使用（　　　）指令。

A．Compact IF　　　　　　B．TEST　　　　　　C．RETURN　　　　　　D．Label

4．IF<EXP><SMT>是（　　　）指令的结构。

A．Compact IF　　　　　　B．IF　　　　　　C．FOR　　　　　　D．以上都不对

5．工业机器人程序中，中断程序一般是以（　　　）字符来定义的。

A．TRAP　　　　　　B．ROUTINE　　　　　　C．PROC　　　　　　D．BREAK

三、判断题

1．TEST 指令内可以添加多个 CASE 结构，但只能添加一个 DEFUAULT 结构。（　　　）

2．在没有定义标签时，也可以使用 GOTO 指令。（　　　）

3．紧凑型 IF 语句可省略 THEN 语句而效果不变。（　　　）

4．WHILE TURE DO 语句会让机器人程序陷入死循环，不建议使用。（　　　）

5．使用对准功能可以很快地将工具调整到和某坐标系垂直的姿态。（　　　）

6．在编写工业机器人程序时，可以很方便地随意使用 GOTO 指令来跳转所需要执行的线程。（　　　）

7．中断时需要在每次程序循环的时候开启一次的，否则运行过一次就失效了。（　　　）

8．工业机器人程序中只能设定一个中断程序，作为最高优先级程序。（　　　）

项目报告 7

班级		姓名		学号		
指导教师			时　间		年　　月　　日	
课程名称						
项目 7			搬运模块编程与操作			

学习目标	　　了解 ABB 工业机器人搬运过程，掌握机器人 Compact IF 指令、IF 指令、FOR 指令、WHILE 指令等条件逻辑判断指令的使用方法，完成搬运程序的编写及调试。
注意事项	1．在教师的指导下进行实训任务。 2．实训过程中不要乱改参数。 3．工业机器人运行中，禁止碰触工业机器人。 4．工业机器人手动操作时尽量降低运行速度。 5．在运行线性模式时 4 轴与 5 轴不要在一条直线上，否则工业机器人会出现奇异点。 6．工业机器人运动异常时，应及时按下急停开关。
学习任务	任务 1：逻辑判断指令 1．运用 Compact IF 指令编写一个可执行的程序。 2．运用 IF 指令编写一个可执行的程序。 3．运用 FOR 指令编写一个可执行的程序。

学习任务	4. 运用 WHILE 指令编写一个可执行的程序。 5. 运用 TEST 指令编写一个可执行的程序。 6. 运用 Label 指令和 GOTO 指令编写一个可执行的程序。 **任务 2：搬运模块的编程与操作** 1. 使用逻辑判断指令完成搬运 3 个图块程序的编写及运行操作。 2. 使用逻辑判断指令完成搬运 9 个图块程序的编写及运行操作。
学习心得	

项目评价 7

项目7：搬运模块编程与操作			
基本素养（30分）			
序号	内容	自评	互评	师评
1	纪律（10分）			
2	安全操作（10分）			
3	交流沟通（5分）			
4	团队协作（5分）			
理论知识（30分）			
序号	内容	自评	互评	师评
1	Compact IF 指令应用（5分）			
2	IF 指令应用（5分）			
3	FOR 指令应用（5分）			
4	WHILE 指令应用（5分）			
5	TEST 指令应用（5分）			
6	Label 指令和 GOTO 指令应用（5分）			
操作技能（40分）			
序号	内容	自评	互评	师评
1	使用逻辑判断指令完成搬运 3 个图块程序的编写及运行操作（20分）			
2	使用逻辑判断指令完成搬运 9 个图块程序的编写及运行操作（20分）			

参 考 文 献

[1] 叶晖，管小清. 工业机器人实操与编程技巧[M]. 北京：机械工业出版社，2010.

[2] 吴海波，刘海龙. 工业机器人现场编程（ABB）[M]. 北京：高等教育出版社，2019.

[3] 张超，张继媛. ABB 工业机器人现场编程[M]. 北京：机械工业出版社，2016.

反侵权盗版声明

电子工业出版社依法对本作品享有专有出版权。任何未经权利人书面许可，复制、销售或通过信息网络传播本作品的行为，歪曲、篡改、剽窃本作品的行为，均违反《中华人民共和国著作权法》，其行为人应承担相应的民事责任和行政责任，构成犯罪的，将被依法追究刑事责任。

为了维护市场秩序，保护权利人的合法权益，我社将依法查处和打击侵权盗版的单位和个人。欢迎社会各界人士积极举报侵权盗版行为，本社将奖励举报有功人员，并保证举报人的信息不被泄露。

举报电话：（010）88254396；（010）88258888

传　　真：（010）88254397

E-mail：　dbqq@phei.com.cn

通信地址：北京市海淀区万寿路 173 信箱

　　　　　电子工业出版社总编办公室

邮　　编：100036